私人心理顾问基础知识

杨凤池 ◎主编

图书在版编目(CIP)数据

私人心理顾问. 基础知识/杨凤池主编. —北京：北京大学出版社，2016.8
ISBN 978-7-301-27433-0

Ⅰ. ①私… Ⅱ. ①杨… Ⅲ. ①心理咨询—咨询服务—教材 Ⅳ. ①B849.1

中国版本图书馆CIP数据核字(2016)第197916号

书　　　名	私人心理顾问：基础知识
	SIREN XINLI GUWEN：JICHU ZHISHI
著作责任者	杨凤池　主编
责任编辑	刘　啸　赵晴雪
标准书号	ISBN 978-7-301-27433-0
出版发行	北京大学出版社
地　　　址	北京市海淀区成府路205号　100871
网　　　址	http://www.pup.cn　新浪微博：@北京大学出版社
电子信箱	zpup@pup.cn
电　　　话	邮购部 62752015　发行部 62750672　编辑部 62752021
印　刷　者	北京宏伟双华印刷有限公司
经　销　者	新华书店
	787毫米×1092毫米　16开本　11印张　202千字
	2016年8月第1版　2016年8月第1次印刷
定　　　价	29.00元

未经许可，不得以任何方式复制或抄袭本书之部分或全部内容。
版权所有，侵权必究
举报电话：010-62752024　电子信箱：fd@pup.pku.edu.cn
图书如有印装质量问题，请与出版部联系，电话：010-62756370

《私人心理顾问》编委会

主　　编：杨凤池
副 主 编：徐凯文　　刘松怀
编　　者：（按姓氏笔画排序）
　　　　　少　臣　　西英俊　　曲伟杰　　李晓春
　　　　　李　梅　　张　辉　　张俊兵　　张瀚宇
　　　　　赵晓丹　　高新义　　葛喜平
秘 书 组：马　雪　　于晓阳

前　言

当前，我国正处于经济跨越式发展的社会转型期，人们的内心也在经受深刻的洗礼。心理学服务的社会需求与日俱增，教育和培训的规模不断扩大。目前，许多高等院校都开设了应用心理学或临床心理学专业，越来越多的学生投身于心理学专业的学习，希望将来能够成为服务社会大众的心理学工作者。同时，社会各界人士学习心理学的热情有增无减，考取心理咨询师证书的人数已经突破六十万人。我们高兴地看到：不仅在学历教育领域，而且在职业发展领域，越来越多的学习者投身于心理学专业工作，这实在是可喜可贺的好事情。

随着心理学科学知识的普及，人们对心理健康服务的需求也越来越迫切，但是如何找到符合自己要求的心理服务成为许多人面临的难题。私人心理顾问就在此时应运而生。私人心理顾问是为客户设计系统、长期的心理服务方案，并通过专业的发展性评估、咨询、指导和建议等顾问技术手段提升心理素质，帮助客户化解和应对心理危机，不断提高客户心理发展水平和幸福指数的专业人士。在发达国家，私人心理顾问享有很高的社会地位和很好的经济收入，很多相关从业者选择其作为自己的终身职业。

在中国，精英人士由于身处不同的环境及所受压力远高于常人，更需要心理学专业人士的帮助。私人心理顾问以其极强的保密性与实时性，服务并满足高品位人士对心理服务的个性化、私密性和深层次的需求，同时也将为心理咨询师带去职业发展的新前景。私人心理顾问是由人力资源与社会保障部中国就业培训指导中心立项的新职业，由中国私人心理顾问协会在全国范围内组织承办的新技能培训项目。

本书是第一本私人心理顾问专业教材。本教材编委会是由长期从事临床心理学的理论研究和临床实践、具有丰富教学经验的一线专家和教授组成。这本教材不仅努力反映国内外私人心理顾问理论与技术的新发展和新成果，而且在形式上尽量结合实践和案例呈现教学内容。本教材不仅注意到知识的系统性与严谨性，而且努力做到理论联系实际，具体来看有以下三个特点：一是专业性，本教材遵循临床心理学的理论，按照培养高素质的私人心理顾问的要求选择教学内容；二是实践性，编者以私人心理顾问工作的实际需要为出发点，对心理顾问工作的各个环节和各个方面，提供具体的理论与技术指导，并在个别章节提供相应的典型案例；三是探索性，将各种心理学理论与技术与我国社会对私人心理顾问的需求有机地结合起来，进行本土化心理学实践模式的探索。

本教材可供有志于从事私人心理顾问专业工作的学习者使用，也可供临床心理学工作者、教育学工作者、社会工作者参考使用，从事其他职业对心理学有兴趣或需求的读者也可以闲来阅读。由于我国私人心理顾问发展的历史不长，加之编者自身能力和水平的局限，尽管作者在编写中付出了很大的努力，但是本书与我们的编写初衷还有一定的距离。欢迎学术界同道给予批评指正，以便在今后的修订中改正。

在本书的编写过程中，许多专家提出了很好的建议，全体编委在繁忙的工作之余废寝忘食、夜以继日地工作。在此，我对他们表示衷心的感谢。我还要感谢我们所参阅的大量国内外文献资料的作者，参考他们的著述，我们受益良多。

杨凤池

2016年5月10日

目　　录

第一章　私人心理顾问的职业道德与伦理 ········· 1

　　第一节　职业道德与伦理意识 ········· 1
　　第二节　心理咨询中的伦理两难问题 ········· 2
　　第三节　私人心理顾问的职业伦理问题及其应对 ········· 10

第二章　私人心理顾问工作要求 ········· 21

　　第一节　私人心理顾问概述 ········· 21
　　第二节　私人心理顾问工作范畴 ········· 24
　　第三节　客户的选择和评估 ········· 30
　　第四节　私人心理顾问的服务技能 ········· 32

第三章　个人成长与发展 ········· 38

　　第一节　婴儿期的发展 ········· 38
　　第二节　学前期的发展 ········· 46
　　第三节　学龄期的发展 ········· 52
　　第四节　青春期的发展 ········· 58
　　第五节　青年期的发展 ········· 63
　　第六节　中年期的发展 ········· 66
　　第七节　老年期的发展 ········· 69

第四章　社会化与人际沟通 ········· 72

　　第一节　社会化概述 ········· 72
　　第二节　自我意识 ········· 78
　　第三节　社会认知与归因 ········· 83
　　第四节　个人行为 ········· 89
　　第五节　人际关系 ········· 96

第五章　家庭亲子教育 103

第一节　家庭亲子教育的概述 103

第二节　亲子关系理论基础 108

第三节　家庭亲子教育咨询技巧 112

第六章　婚姻与性心理咨询 120

第一节　婚姻与性心理概述 120

第二节　婚姻与性问题咨询 124

第三节　婚姻中的性道德教育 131

第七章　管理心理学 134

第一节　人性假设与管理理论 134

第二节　激励理论及其应用 137

第三节　群体心理 142

第四节　领导心理 146

附录　中国心理学会临床与咨询心理学工作伦理守则(第一版) 155

主要参考文献 164

第一章

私人心理顾问的职业道德与伦理

第一节 职业道德与伦理意识

私人心理顾问是一项新兴的职业。在本教材中，我们根据私人心理顾问的职业特点，并参照心理咨询师的职业伦理提出私人心理顾问的职业伦理。

伦理是私人心理顾问的行事准则。专业伦理是建立在专业价值基础之上的一套行为标准，是个人或团体用以衡量正当行为的准则。专业伦理规范了专业人员与其服务对象以及社会大众间的互动行为与关系。

道德偏重于一般性的判断个人与他人互动行为的对错，着眼于个人对自我的要求，往往较为抽象与主观；伦理则侧重客观性和普遍性的原则，通常较为客观，并具有可操作和可执行性。道德具有主观、主体、个人、个体的意味；而伦理则具有客观、客体、社会、团体的意味。

设置心理咨询专业伦理的目的是让心理咨询师、寻求专业服务者以及广大民众了解心理咨询工作专业伦理的核心理念和专业责任，并借此保证和提升心理咨询专业服务的水准，保障寻求专业服务者和心理咨询师的权益。

心理咨询是一项专业性很强的工作，要成为一名合格的心理咨询工作者，必须学习和掌握相关知识，包括心理学理论和咨询技术。而比这些知识更重要的是对专业伦理的系统学习和掌握，这是因为作为一名心理咨询工作者，首先要做到的是不伤害来访者，学会运用伦理规范指导自己的专业工作。中国心理学会在2007年发布了《中国心理学会临床与咨询工作伦理守则》（以下简称《伦理守则》），中国心理学会临床与咨询心理学注册工作委员会中也专门成立了伦理工作分委会，具体负责《伦理守则》的执行工作。

从事心理咨询相关工作的人，几乎都会遇到与职业道德或伦理相关的问题，例如保密、双重关系、职业能力和责任等。心理咨询工作者需要具有职业伦理意识，在实际工作中时刻保持对伦理问题的敏感性，以避免相关职业风险，保障自己和来访者的权益。类似地，在实际工作中，私人心理顾问也会遇到伦理问题，甚至很多问题在《伦理守则》的规范之外，或者所遇到的问题很模糊。例如保密原则实施时的界限，双重关系可能会有利于来访者的一面，等等。在这种情况下，我们就需要运用善行、责任、诚信、公正与尊重的工作原则来指导实践工作。理解这五个概念所代表的含义是做出正确伦理决策的重要前提。

● 善行：私人心理顾问工作目的是使客户从其提供的专业服务中获益。私人心理顾问应切实保障客户的权利，努力使其得到适当的服务并避免伤害。在提供专业服务过程中，当私人心理顾问的利益与客户发生冲突时，当以客户的利益为第一位考虑，也就是客户利益第一原则。

● 责任：私人心理顾问在工作中应保持其服务的专业水准，对自己的行为承担责任。认清自己专业的、伦理的及法律的责任，维护专业信誉。

● 诚信：私人心理顾问在实际工作中，应努力保持其行为的诚实性和真实性。

● 公正：私人心理顾问应公平、公正地对待自己的专业工作及客户。私人心理顾问应采取谨慎的态度防止自己潜在的偏见、能力局限、技术的限制等导致的不适当行为。

● 尊重：私人心理顾问应尊重每一位客户，尊重个人隐私权、保密性和自我决定的权利。

第二节　心理咨询中的伦理两难问题

第一单元　双重关系

双重关系是指心理咨询师与来访者之间除咨询关系之外，还存在或发展出其他具有利益或亲密情感等特点的人际关系的状况。如果除专业关系外，还存在两种或两种以上的人际关系，就称为多重关系。双重关系的常见类型有社交关系、商业往来关系、师生关系、朋友关系、亲戚关系、同事关系、性亲密关系(性吸引、性幻想、身体接触、性骚扰及亲密行为)等。

一、双重关系的影响

双重关系对心理咨询的影响主要包括妨碍专业关系与专业判断、影响咨询效果、伤害来访者福祉等。具体影响有：

(1) 使咨询关系的专业性质受到破坏，界线变得模糊。咨询关系是一种职业、专业的关系，咨访双方是助人者和受助者的关系。如果突破了这种单一关系，发展出咨询关系以外的关系，例如朋友关系、合作关系、性关系，那么咨访双方的互动模式就会发生改变甚至混乱，不利于来访者获得专业有效的帮助。

(2) 破坏了基本的设置。心理咨询是一种在特定时间、特定场所开展的专业工作。对时间、场所、收费等咨询要素的规定即咨询设置。当出现双重关系时，咨询的基本设置就会被打破，例如在咨询时间之外，来访者与咨询师在一次电话联系中提出咨询相关的问题，就会迫使咨询师进入伦理两难困境。

(3) 咨询师个人需求和专业需求的界限混乱。当咨询师和来访者具有双重关系时，咨询师会失去客观性，很难完全站在一个客观中立的立场上开展工作，影响其做出专业判断，同时因为存在利益或情感关系，来访者也很容易怀疑咨询师某些个人因素对咨询产生影响。例如咨询师给自己的同事、领导咨询时，难免会把工作中的关系、矛盾带进咨询关系，而来访者也会怀疑咨询师的判断和处置是否混杂了咨询师本人的利益。

(4) 有剥削来访者的危险。在咨询关系中，咨询师往往是具有心理优势的一方，咨询师可以通过自己的专业知识、来访者对自己的信任和依赖，来控制和利用来访者以谋取不当的利益，造成对来访者利益的损害。例如要求来访者提供额外的报酬，要求来访者给予帮助等。

(5) 有损专业名誉。在双重关系中，因为上述因素，或者在客观上对来访者造成利益损害，或者使得来访者在主观上感到被利用或剥削，这都会导致来访者以及潜在来访者对咨询师甚至整个心理咨询行业的不信任，损害咨询师个人和行业的名誉。

因此，中国心理学会在《伦理守则》中做出了以下规定：

1.7 心理师要清楚地了解双重关系(例如与寻求专业服务者发展家庭的、社交的、经济的、商业的或者亲密的个人关系)对专业判断力的不利影响及其伤害寻求专业服务者的潜在危险性，避免与寻求专业服务者发生双重关系。

在双重关系不可避免时，应采取一些专业上的预防措施，例如签署正式的知情同意书、寻求专业督导、做好相关文件的记录，以确保双重关系不会损害自己的判断并且不会对寻求专业服务者造成危害。

二、降低双重关系风险的方法

当双重关系不能避免时，咨询师要根据以下处理原则进行处理。

（1）在咨询关系建立的早期就明确清晰的界限。通过清晰明确的咨询设置，对咨询关系中双方的行为有具体可执行的限制，有助于减少双重关系的负面影响。例如只在专业的咨询场合进行咨询活动。

（2）坦诚告知来访者各种潜在的风险。与来访者讨论并澄清他关心的问题，告知来访者双重关系可能带来的负面影响，和来访者讨论利弊，并一起决定怎样处理和规避风险。

（3）定期向同行请教，处理潜在风险高的个案应及时寻求督导。由于双重关系对咨询难以避免的影响，咨询师需要有一个专业、客观的第三方人士和自己一起分析、处理相关的风险。

（4）将关于双重关系的讨论以及为减少对来访者伤害而采取的步骤都记录下来，用文件的形式建档保存。良好、客观的咨询记录能够保护咨询师，证明咨询师的工作合乎伦理和法律的要求。

（5）在整个咨询过程中，咨询师需要自我监控，时时检测自己的动机和需求。为何要保持双重关系？为何要在双重关系中工作？是出于满足来访者的需求还是满足咨询师自身的需求。

（6）转介。为了避免双重关系可能带来的负面影响，可以将来访者转介给其他有能力的咨询师。

专栏1-1 中国文化背景下特殊的双重关系问题——礼物

中国人通常会用赠送礼物代替言语向他人表达情感，而在心理咨询中赠送的礼物有时会有特殊的意义，会对咨询关系或过程产生一定的影响。根据不同的分类方法，可以将礼物分为：①来自第三方的礼物（如来访者的父母给咨询师送礼物）和来自来访者的礼物。②咨询前、咨询中、咨询结束后送礼物。来访者赠送礼物的时间点往往具有不同的意义。③昂贵的礼物和亲手制作的礼物。礼物具有商品和物质价值的属性，有些礼物是来访者亲手制作的，例如贺卡、感谢信，价值不高但饱含情感。有的来访者可能会赠送昂贵的礼物。

> 礼物具有多重功能，例如表达感激、希望获得关照、建立朋友关系、获得咨询师的支持、控制和影响咨询师等。在处理与礼物相关的问题时，咨询师需要考虑中国文化的影响以及拒绝礼物的心理学意义。咨询中礼物的处理原则有：①保证来访者的利益最大化，促进而不是危害来访者的福祉。②让来访者充分表达感情。③不伤害来访者的自尊。④礼物不会影响咨询师未来工作中的客观性。⑤咨询师应思考和处理礼物在咨询中的意义。⑥咨询师一般情况下不应接受礼物和宴请。⑦一些从咨询关系角度来说不宜拒绝的礼物，可以用回赠的方式处理。

【案例 1-1】

　　A 女士在海南三亚购置了一套海边度假别墅。在某次咨询过程中，她主动提及愿将三亚的海边别墅借给私人心理顾问张某度假时用，并说"反正平时也是空着"。

　　讨论问题：张某正好准备全家去三亚度假，是否可以借用来访者的别墅？如果不可以借用，可以租用吗？

　　在此案例中，涉及双重关系的伦理议题以及善行的伦理原则。首先需要考虑 A 女士是出于怎样的心理主动提出出借度假别墅。其次，我们需要认识到 A 女士之所以会提出这样的建议是基于此前的咨询关系，而如果张某接受了这一建议，则意味着从咨询关系中获得了约定报酬以外的利益。这种额外利益的获得是否利用了特殊的信任的咨询关系，进而有侵犯 A 女士利益的可能。最后，如果张某接受了邀请其全家住进 A 女士的度假别墅中，两人的关系就发生了变化，包含有朋友关系。

　　即便私人心理顾问张某为此付租金，也无法避免双重关系的负面影响，无法完全避免咨询师利用特殊的咨询关系剥削来访者的嫌疑。因此简单而有利于来访者的做法是不和来访者发生咨询关系以外的关系。

【案例 1-2】

　　李某曾在五年前为 B 女士提供过心理咨询服务，B 女士在某世界五百强公司担任人力资源总监，当时的咨询问题主要是强迫症状和婚姻问题。经过一年多的咨询，B 女士的问题得到了明显的缓解，遂结束咨询。时隔四年后 B 女士联系张某，希望和张某合作，为 B 女士所在公司提供员工心理帮助（employee assistance program，EAP）服务。报酬非常优厚，B 女士也会因为这个合作项目获利不菲。

讨论问题：李某是否可以和B女士合作？

在此案例中咨询师从前的来访者在咨询关系结束四年后主动希望和咨询师有工作上的合作，并且此项合作具有潜在的商业利益。看起来这是一项双方都会获益的合作。然而，这里却涉及这样一个问题：咨询关系结束多久之后，咨询师与来访者才可以有商业合作关系呢？参照《伦理守则》中的规定：

> 1.9 心理师在与某个寻求专业服务者结束心理咨询或治疗关系后，至少三年内不得与该寻求专业服务者发生任何亲密或性关系。在三年后如果发生此类关系，要仔细考察关系的性质，确保此关系不存在任何剥削的可能性，同时要有合法的书面记录备案。

在本案例中，即便按照最严格的要求，咨询关系也已经结束超过三年了。因此如果有合作并没有直接违反伦理守则的规定。但是这样的合作会对来访者造成不利影响吗？我们还必须看到一旦开始了商业合作，来访者和咨询师之间的关系就发生了巨大的变化，从良好的无条件的医患信任关系转变为职业的有界限的商业合作关系。从以来访者为中心转变为双方平等的合作利益博弈，来访者对咨询师的某种理想化会被打破。这样就存在一个潜在的风险，即咨访双方很难再回到咨询关系中来。因此咨询师在开始合作前要告知来访者一旦开始商业合作，来访者今后很难再成为咨询师的来访者，如果需要咨询则会被转介给其他咨询师。如果来访者愿意承担这样的后果，在知情同意的情况下，合作方式可能是合乎伦理原则的。

第二单元 咨询关系中隐私与保密原则

一、保密的定义

保密是指咨询师应保守在咨询中所得到的来访者的个人信息。《中华人民共和国精神卫生法》总则第四条规定：精神障碍患者的人格尊严、人身和财产安全不受侵犯。有关单位和个人应当对精神障碍患者的姓名、肖像、住址、工作单位、病历资料以及其他可能推断出其身份的信息予以保密；但是，依法履行职责需要公开的除外。

因此，中国心理学会的《伦理守则》中做出了以下规定：

> 心理师有责任保护寻求专业服务者的隐私权，同时认识到隐私权在内容和范围上受到国家法律和专业伦理规范的保护和约束。

2.1 心理师在心理咨询与咨询工作中,有责任向寻求专业服务者说明工作的保密原则,以及这一原则应用的限度。在家庭治疗、团体咨询或治疗开始时,应首先在咨询或治疗团体中确立保密原则。

二、为什么要保密

保密是有效的心理咨询的基础。至少在以下四个方面我们有充分的理由要严守来访者的秘密:

- 善行。为来访者提供安全和尊重的环境,是咨询工作有效的前提条件,也是保密的根源之一。
- 无伤害。避免非故意的伤害、信息泄露、断言等。
- 关怀。优先考虑维系关系,他人被认可、关注的需求,回应社会、生理和情绪的需要。咨询中维护咨询关系的保密性,使来访者发展出最大程度的对心理咨询师的信任。
- 尊重隐私。来访者而非咨询师有权控制个人心理健康信息的传递。来访者将这些信息在安全的咨询环境中与咨询师分享、被分析和评价、检验,是咨询关系的核心。

那么,来访者的利益又是怎样来确定的呢?对来访者利益和福祉的伦理判断,依据是来访者的五项基本权利:

- 自主权,即尊重来访者的自由决定权。
- 获益权,即为来访者利益着想。
- 免受伤害权,咨询时要避免来访者受到心、身伤害。
- 获得公平对待权,对所有来访者一视同仁,都不受歧视。
- 要求忠诚权,咨询师对来访者要信守承诺。

三、如何保密

保密和对隐私权的保护,并不是绝对的。如果来访者有可能危害自己或者他人、社会公共安全,隐私权是可以突破的。

中国心理学会规定,下列情况属于保密例外:

2.2 心理师应清楚地了解保密原则的应用有其限度,下列情况为保密原则的例外:

(1) 心理师发现寻求专业服务者有伤害自身或伤害他人的严重危险时。
(2) 寻求专业服务者有致命的传染性疾病等,且可能危及他人时。
(3) 未成年人在受到性侵犯或虐待时。
(4) 法律规定需要披露时。

【案例 1-3】

李某是一个21岁的大三学生。他患有地中海贫血症，15年前因为输血感染了艾滋病病毒，目前没有艾滋病的症状表现。除了他父母没有人知道他是艾滋病病毒携带者。他来咨询的问题是他在大学里遇到了一个女孩，并且已经确定了恋爱关系，很想和她发生性关系。但他没有告诉女友他患病的情况。他很担心如果告诉了女友自己的病情他会失去这段感情，并且他的病情可能被其他人知道。李某学过关于性教育的一些课程，他觉得自己和女友发生性关系的时候他会使用安全套，也会遵守其他安全性措施。但他还是为此感到焦虑不安，因此来寻求咨询帮助。咨询师判断，李某和女友的恋情刚刚开始，在最近的一段时间内，发生性关系的可能性很小，因此没有必要违反保密原则将李某的情况告诉其女友，你是否同意咨询师的做法？

在本案例中，来访者可能会和其女友发生危险的性行为，因为作为一名艾滋病病毒携带者，其与女友的性行为可能会导致其女友感染艾滋病从而导致生命危险。而两难的地方是来访者李某并没有主观恶意去伤害女友，作为一个人他也有平等追求爱情和性生活的权益。如果咨询师突破保密原则把李某携带艾滋病病毒的情况告诉了第三方，无疑会极大损害来访者对咨询师的信任关系。这里对第三方生命权的保护和对来访者隐私权的保护就发生了冲突。因为来访者的行为可能会危及他人生命安全，因此必须要履行保护第三方的责任。那么如何平衡两者的冲突呢？咨询师可以和来访者讨论，如果来访者希望和女友有进一步的关系，可以主动告知对方自己疾病的情况。如果来访者拒不接受此项建议，还有可能威胁其女友安全，那么咨询师再采取主动告知其女友的行动，履行预警和保护的责任。

第三单元　心理咨询的职业责任

咨询师具有来自法律的责任去保护来访者，同时也有伦理责任，即专业责任。认清自己个人的限制与专业的限制是一项基本的道德原则。

心理咨询师应遵守国家的法律法规，遵守专业伦理规范。同时，努力以开放、诚实和准确的沟通方式进行工作。咨询师所从事的专业工作应基于科学的研究和发现，在专业界限和个人能力范围之内，以负责任的态度进行工作。咨询师应不断更新并学习专业知识、积极参与自我保健活动，促进个人在生理、社会适应和心理上的健康，以更好地满足专业责任的需要。因此，《伦理守则》中规定：

3.1 心理师应在自己专业能力范围内，根据自己所接受的教育、培训和督导的经历和工作经验，为不同人群提供适宜而有效的专业服务。

3.2 心理师应充分认识到继续教育的意义，在专业工作领域内保持对当前学科和专业信息的了解，保持对所用技能的掌握和对新知识的开放态度。

3.3 心理师应保持对于自身职业能力的关注，在必要时采取适当步骤寻求专业督导的帮助。在缺乏专业督导时，应尽量寻求同行的专业帮助。

3.4 心理师应关注自我保健，当意识到个人的生理或心理问题可能会对寻求专业服务者造成伤害时，应寻求督导或其他专业人员的帮助。心理师应警惕自己的问题对服务对象造成伤害的可能性，必要时应限制、中断或终止临床专业服务。

3.5 心理师在工作中需要介绍自己情况时，应实事求是地说明自己的专业资历、学位、专业资格证书等情况，在需要进行广告宣传或描述其服务内容时，应以确切的方式表述其专业资格。心理师不得贬低其他专业人员，不得以虚假、误导、欺瞒的方式对自己或自己的工作部门进行宣传，更不能进行诈骗。

3.6 心理师不得利用专业地位获取私利，如个人或所属家庭成员的利益、性利益、不平等交易财物和服务等。也不得利用心理咨询与治疗、教学、培训、督导的关系为自己获取合理报酬之外的私利。

3.7 当心理师需要向第三方（例如法庭、保险公司等）报告自己的专业工作时，应采取诚实、客观的态度准确地描述自己的工作。

3.8 当心理师通过公众媒体（如讲座、演示，电台、电视、报纸、印刷物品、网络等）从事专业活动，或以专业身份提供劝导和评论时，应注意自己的言论要基于恰当的专业文献和实践，尊重事实，注意自己的言行应遵循专业伦理规范。

【案例1-4】

一位心理咨询师李某，曾获教育心理学博士学位，在他的名片中，他对自己职位的称谓是心理咨询师李某博士。在心理咨询过程中，李某发现有很多抑郁症的来访者咨询进展很困难，在阅读了很多专业书籍后，李某发现有一种抗抑郁药很有效而且据说比较安全。因此，他就建议一些抑郁症的来访者服用此药物，后来为了方便来访者，他到药店买了很多这种药物，然后转卖给来访者。

在对抑郁症来访者的咨询过程中，李某会要求来访者去进行脑部fMRI的检查，并根据来访者提供的fMRI检测报告中脑部血流的情况，来做出抑郁症的诊断。

讨论问题：咨询师李某的哪些行为违反了职业伦理？

在上述案例中，咨询师李某在以下几个方面违反了职业伦理中的职业责任。

● 咨询师李某所获得的是教育心理学博士学位，因此在名片中自称是心理咨询师李某博士可能会误导来访者认为该咨询师所获得是临床心理学博士学位。

● 咨询师了解到抗抑郁药物具有良好的治疗作用，但并没有接受过系统、合法的医学教育与培训，获得相应合法资质。在我国只有执业医师具有在其执业范围之内的处方权。

● 关于抑郁症患者的脑部器质性或者功能性改变，目前医学界和心理学界并没有稳定、一致的科学结论。咨询师根据自己的主观判断，做出评估和诊断实际上是在误导来访者。

在上述问题中，咨询师都超出其专业训练和能力范围，提供了不适宜的服务并违反了诚信原则。

第三节　私人心理顾问的职业伦理问题及其应对

第一单元　家庭与未成年人教养问题中的伦理困境

在未成年人的咨询中，最常见的伦理困境是家长监护权的问题。也就是说未成年人从法律上来说并不具有完全行为能力，家长对其具有知情、保护和监督的权力。而未成年人咨询中很多问题往往是和亲子关系有关。因此常常出现未成年人的隐私权和家长的监护权之间的冲突。

首先我们需要明确，未成年人的父母在法律上具有监护权，对于有关子女的重大决定和生命安危的问题，父母是有监护权和知情权的。因此在咨询过程中，私人心理顾问要尽到保护的责任，对来访者有危及生命的离家出走、堕胎、自杀、严重犯罪行为、吸毒、危险性行为、被性侵等重要信息要告知家长。

一、父母离异的未成年人咨询

在此类情况下的未成年人往往急需帮助。其中需要把握的原则是私人心理顾问要帮助未成年人使其在此过程中受到伤害最小，但不卷入到父母的离婚冲突中。如果是给父母已经离异的未成年人做咨询，最好先要得到具有监护权的父母的知情同意。

二、在教育教学机构开展未成年人心理咨询

原则上，对未成年人的主动求助而开始的心理咨询，不需要通知家长。另一种情

景是未成年人在老师或者家长要求下来寻求咨询。在这种情况下，很可能出现未成年人抗拒咨询的行为。私人心理顾问要发挥专业技能，通过理解、共情和情感支持等技术和未成年人建立咨询关系进而帮助他们应对和处理目前的问题和困境。但是因为在教育教学机构工作的私人心理顾问具有双重身份，即老师和心理咨询师，因此作为学生的未成年人可能会很抗拒，如果未成年人持续抗拒，私人心理顾问可以通知家长、说明情况并提供其他可能的方案或者转介到社会机构。

在教育教学机构工作的私人心理顾问具有双重身份，既要对学生负责，也要对自己所在的工作单位负责，遵守工作单位的规定。同时还要尊重家长的监护权。对于工作单位有关政策和规定不合法律和职业伦理之处应该提出修改意见，在遇到两难冲突时，要寻求督导的帮助。原则上，当工作单位的规定和专业伦理有冲突时，应该努力加以协调，例如向领导说明为何要严守保密原则，为何不能进行不恰当的心理测评等。如果协调不成，应该以专业责任和伦理守则为优先考虑。

三、保密与保密例外

在第二节第二单元我们已经提出了在咨询过程中保密例外的情境。在未成年人案例中常见的保密例外情境除了自杀或伤害他人外，还有未成年人受到性侵犯或虐待。

在得知未成年人可能遭受情感或身体侵犯时，私人心理顾问需要尽快向有关部门报案。但由于我国相关的法律法规和未成年人援助机构尚不完善，因此在实际工作中会遇到很多困难。

原则上，私人心理顾问在面对未成年人遭受性侵犯或虐待时应该采取以下措施：

(1) 帮助未成年人处理情绪问题，避免进一步伤害等。
(2) 协助未成年人的老师提供帮助。
(3) 联系有关机构，例如学校、社区、妇女儿童保护组织等。
(4) 联系监护人，前提是他们不是施虐者。

如果施虐行为发生在家庭内部则会更加复杂。在中国文化传统下，很难区分严格管教和虐待，报案可能会使孩子处在更加危险的境地。在面对此类问题时，私人心理顾问有警觉、报案和配合相关部门调查的责任。因此在处理此类问题时，需要团队工作，私人心理顾问要与相关机构密切合作，形成标准化的处理流程。报案是处理此事的开始而不是结束，私人心理顾问需要和有关机构密切合作，持续跟进并提供支持。

四、未成年人的性问题

对于在生理上已接近性成熟的未成年人，其往往在心理上并没有完全发展好。因此未成年人的性行为常常带来很多问题，例如性行为安全问题、早孕、性疾病、人工流产等。

在大多数情况下，因为害怕被责难，未成年人不愿意向父母坦露其性行为。而他们又缺乏相关的知识，在发生性行为甚至怀孕之后出现羞耻、恐惧、内疚、焦虑、抑郁等情绪，又无法获得及时有效的帮助，因而往往做出非理性的决定。

原则上，在对未成年人提供咨询服务时，私人心理顾问要尊重客户的隐私权并为其守密。但当面临事关生死的重大决定时必须要考虑尊重家长的知情权和监护权，及时告知家长。在对未成年人的咨询开始前，私人心理顾问就要说明保密的原则和限制，不能绝对答应其保守秘密的要求。例如，若未成年人决定进行人工流产，私人心理顾问要考虑告知其父母并征得其同意。在处理这样的案例时，心理顾问还必须要考虑价值中立原则。心理顾问要意识到客户是最终做决定的人，心理顾问要觉察自己的价值观对这类案例的影响，避免将自己的价值观强加于客户。

如果怀孕的未成年人决定生下孩子，心理顾问可以和她所在学校、家人和其他相关机构一起工作，提供帮助。

【案例1-5】

张某是一位在某教育机构工作的私人心理顾问，该机构的一名女学生M最近因为恋爱成绩直线下降，家长和班主任都非常担心，将M送到心理咨询中心，希望通过咨询让M不要早恋。同时，领导也要求张某经常向M的班主任和家长通报咨询过程中的情况。

经过一段时间的咨询以后，M越来越信任私人心理顾问，告诉张某自己已经和男朋友发生过好几次性关系，并且已经有一个多月没有来月经了。

很快，M怀孕的情况被她父母知道了，M的父母非常生气，到M男朋友家里大吵了一架，并且坚决要求M与男友分手，M坚决不同意，并且开始绝食、割腕，父母非常着急。随着咨询越来越深入，张某发现了这样一个情况，在M和男友发生性关系的半年前她曾经被歹徒性侵犯过，但她一直很害怕，没有告诉父母和其他任何人这件事，她之所以会轻易地和男友发生性关系，是为了验证自己还是不是处女。

在此案例中，私人心理顾问遇到多次保密问题的挑战。当领导和家长要求私人心理顾问透露咨询内容时，显然是挑战了咨询中的保密原则，如果私人心理顾问将咨询中客户透露的信息都告知校方和家长，咨询关系显然是无法继续的。因此私人心理顾问需要向校方和家长说明保密原则的必要性和对咨询的重要意义来征得他们的合作。

如果协调无效，则私人心理顾问可以和客户讨论，获得她的知情同意将可以告诉校方和父母的情况告诉对方。如果客户不同意且也没有突破保密原则的例外情况，则还是应该尊重客户的意愿。

但在此案例中，M已经发生了性行为，并且可能怀孕。私人心理顾问需要为M提供医疗信息，帮助她采取必要的措施来保证安全的性行为，同时明确是否怀孕。如果确定已经怀孕，应该和M讨论如何告知其家长，并协助她妥善处理。当危机问题出现的时候，私人心理顾问应及时干预。

此外，若私人心理顾问发现客户有早年被性侵犯的经历时，应该和其讨论，评估父母可能的反应，并协助客户将此事告诉父母，采取进一步的措施，例如对性创伤进行干预和治疗等。

第二单元　咨询关系中的性议题

心理咨询是建立在信任基础上的助人工作，来访者寻求心理咨询时，他们信任心理顾问会以其利益为首要考虑，因此如果私人心理顾问与客户发生性行为，便违背了此种信任。即使客户开始时将这种接触视为浪漫关系而非剥削关系，但客户对于与心理顾问发生性接触的反应是负面的，并且会对心理产生伤害性影响。客户为何会对心理顾问产生情感甚至与其发生性关系呢？他们向心理顾问深层地坦露个人的种种隐私，包括他们的恐惧、秘密、幻想、希望、性欲，以及内心冲突，因而很容易被人利用。

客户带着情绪、问题、人际支持缺乏而来，因此他们往往比心理顾问脆弱、易受伤。一些客户童年早期的躯体、情感和性虐待的经历，导致他们对亲密关系的渴求，会增加客户被心理顾问控制和剥削的可能。心理顾问的专业帮助者的地位令客户很难拒绝心理顾问的要求。以前遭受过权威人士性剥削的人或许认为性是他们为情感上的亲密必须付出的代价，这可以帮助人们摆脱痛苦。

心理顾问对客户的关注、共情，使其成为客户寻求亲密关系的对象。客户可能会把对过去经历中的重要他人的情绪、感受、互动模式等带到咨询关系中。因此，客户在和心理顾问的性关系中会受到严重的伤害，包括客户对心理顾问充满矛盾的感觉，一方面愤怒、反感和害怕，另一方面又需要来自心理顾问的关怀；尽管自己是这段不当亲密关系的受害者，还会对自己的行为感到内疚。因为移情的关系，对自己控告心理顾问的行为也会感到内疚；强烈的空虚和孤立感，经过此类事件后会感到自己没有能力在未来与他人建立更深入的关系和联结；不当性接触之后的性认同感混乱；

由于他们所经历的背叛，其信赖他人的能力受损，特别是对心理顾问的信任会大受影响；自我与重要他人之间的认同、界限和角色混乱；情绪不稳定，客户感到不知所措；由于对心理顾问的矛盾情感和内疚，会压抑愤怒，但客户很难处理自己的情绪，因此出现自我伤害行为；因为内疚、自责和无望，自杀风险增加；出现闪回、回避、高唤醒、解离等心理创伤症状。

咨询关系中的性接触会对心理顾问和客户造成严重的负面影响。11%的求助者需要住院治疗；14%的求助者有自杀企图；此外，求助者往往不愿重新开始咨询。此类事件也容易引发民事赔偿等。

对心理顾问来说，则会失去同行的信任，体验到负罪感和自尊丧失。因为这是严重违反职业伦理的行为，心理顾问会因此失去合法工作的职业资格而失业。

因此，《伦理守则》中做出了以下规定：

1.8 心理师不得与当前寻求专业服务者发生任何形式的性和亲密关系，也不得给有过性和亲密关系的人做心理咨询或治疗。一旦业已建立的专业关系超越了专业界限（例如发展了性关系或恋爱关系），应立即终止专业关系并采取适当措施（例如寻求督导或同行的建议）。

对咨询关系中的性吸引力，可以通过下列方式处理：①认识和了解相关知识。通过学习咨询伦理，理解咨询关系中的性和亲密关系的本质，并学习如何应对。②勇敢面对内心的困惑。当感到被性诱惑或性吸引时，不回避、不自欺欺人，勇于直面自己的感受。③通过训练课程提高自我觉察。通过参加咨询伦理的培训，提高自我觉察的能力。④接受督导、与同事讨论。当在咨询工作中遇到性吸引力的问题时，及时寻求督导，在没有督导的情况下，也要和同事讨论，不能过于自信。⑤接受自我体验，深入了解自己。特别是如果在咨询关系中常常遇到性吸引力的问题，或者在处理性吸引力和亲密关系问题的过程中不能很好把握或者有强烈的反移情，应该去接受自我体验，处理好自己没有解决的个人议题。

【案例1-6】

张某是一位软件工程师，因为情绪低落来寻求心理咨询，李某是他的私人心理顾问。张某担心自己得了抑郁症，其母亲有抑郁症的病史。经过评估之后，李某认为张某并不符合抑郁症的诊断，通过三次咨询，主要针对应对技能进行工作，张某的情绪低落明显改善后结束了咨询。

此后五年他们一直没有联系，五年后他们在一次单身驴友联谊活动上再次相遇。张某情况很好，并向李某发出约会邀请。李某被张某吸引想要接受邀请。

在此案例中，客户对心理顾问产生了好感，在咨询关系结束五年后提出发展亲密关系。而心理顾问对客户也心有好感，愿意开始一段感情。

心理顾问是否绝对不可以和客户发生亲密关系？在尽可能维护客户利益，防止客户被利用和剥削方面，《伦理守则》的制定者常被对人性的尊重这一问题困扰。似乎我们没有绝对的理由认为作为两个成熟、独立个体的心理顾问和客户之间绝对不会产生真正的爱情。因此，作为一种妥协，《伦理守则》做出了以下规定：

> 1.9 心理师在与某个寻求专业服务者结束心理咨询或治疗关系后，至少三年内不得与该寻求专业服务者发生任何亲密或性关系。在三年后如果发生此类关系，要仔细考察关系的性质，确保此关系不存在任何剥削的可能性，同时要有合法的书面记录备案。

在这一规定中，要考虑以下要素，其一，理论上认为三年的时间足以抵消在咨询关系中产生的性移情和其他因素对亲密关系的影响。其二，即便如此，私人心理顾问还是需要接受督导，深入理解目前亲密关系与此前咨询关系的联系和影响。

在本案例中，咨询关系只持续了很短的时间，其咨询中处理的主要是行为问题和应对技能。咨询关系已经结束了，并超过了《伦理守则》规定的期限。因此，李某可以在与督导或者同行讨论后，决定是否与张某发展亲密关系。

第三单元 老年人咨询的伦理问题

随着我国日益进入老龄化社会，老年人的身心特点，老年心理健康也越来越成为一个重要的问题。在为老年人提供心理咨询服务时要考虑以下因素。

1. 专业责任

为老年人提供心理咨询服务，需要接受专业技能训练，了解和掌握老年人的身心特点。如果心理顾问不具备相应的知识和技能就提供服务，即使未刻意侵犯但也可能忽视客户的基本权益，影响私人心理顾问的服务品质。

2. 私人心理顾问的自我心理调适

（1）预防偏见和刻板印象。若私人心理顾问对老年人具有一定的偏见和刻板印象，例如认为老年人人格僵化、顽固保守、无法改变、体弱多病等，这样的一些偏见和成见，会影响心理顾问的动机，不愿意为老年人提供服务，心理顾问本人的主观因素成为咨询的阻抗。

(2) 消除悲观心理。悲观心理是指因为老年人难以改变、缺乏生命力，便认为老年人的发展、改变、进步价值不大。或者认为老年人自身具有比心理顾问更加丰富的生活经历，因此产生焦虑情绪，不敢为老年人提供服务。

(3) 培养乐观的态度。心理顾问要看到老年人具有更加丰富的生活经历，有更多休息的时间，更加多样化的生活方式，这些都是咨询中的有利因素。心理顾问要更加重视和基于客户此时此地的现状，了解其需求，制定现实、合理的咨询目标，解决其困扰。

3. 老年人咨询中的伦理问题及其处理

(1) 尊重老年人的知情同意权。需要评估和判断老年人是否具有认知功能方面的障碍，例如患阿尔采末氏病的老人是否有作判断的能力等。不能以客户的年龄、疾病来判断其认知和决策能力。如果经过审慎评估，确认客户有自主能力，但仍然找借口剥夺其自主决定的能力是违反伦理的行为。

(2) 处理第三方监护者的关系。这里的第三方主要是指客户的家人、护理者等。心理顾问应该注重第三方的监护权，但这也可能带来冲突，即当两者意见不一致时。在此情况下，处理的原则是除非医学证明老人确实具有认知功能障碍，无法自己判断和决定，监护人才有权替老人做主。心理顾问要审慎评估老年人的认知能力，考量自主权和监护权之间的冲突，在维护自主权的前提下，根据具体情况，尽量保护老年人的自主权益。

(3) 保密的问题。在对老年人的心理咨询中，比较常见的伦理两难情景是有关老年人身心健康及安全的信息如何保密。如果有对老年人自身或者他人安全危害的情景，是否要突破保密原则告知监护人。例如，如何处理负有监护责任的第三方要求心理顾问提供老人咨询信息的要求。如果老人在咨询中透露其被虐待，或者有自杀倾向，或者拒绝接受咨询的信息并要求咨询师保密时，心理顾问如何应对。处理突破保密的问题时，私人心理顾问首先要考虑你应对谁负责——要优先以客户为中心。其次，在咨询一开始就要告诉客户保密原则及其例外情况。如果客户不接受这一限制，则意味着拒绝接受咨询，可以考虑转介。第三，如果是负有监护责任的第三方要求获得资料，私人心理顾问需要评估第三方要求获得资料的目的，并征求客户同意，除非医学和心理学评估老年人已经具有严重的认知功能障碍，无法进行自主判断和决策。如果老人有被虐待、自杀或者拒绝接受医治的倾向，这样的行为会直接威胁其身心健康，按照有关法律和伦理守则是可以突破保密原则的。

第四单元　婚姻家庭问题咨询中的伦理问题

婚姻家庭咨询在私人心理顾问的工作中是很常见的议题。家庭是人类文明的核心，而婚姻是家庭的基石。近年来我国离婚率不断增高，现代人对待婚姻的态度发生了很多变化，例如闪婚、闪离，婚姻形态也出现很多新的方式，例如丁克一族、周末夫妻，人们对婚姻、爱情的认识也发生了很多变化。这就带来了大量的婚姻家庭问题，对婚姻家庭问题的咨询需求也日益增长。

因为婚姻家庭咨询的对象不再是一个人，往往是两个甚至多个家庭成员一起接受咨询，这就带来了很多不同于个体咨询的新的伦理议题。本单元主要讨论与此有关的三个议题：保密、专业能力和责任、价值观的影响。

一、保密

保密是咨询关系的先决条件。来访者之所以会在和私人心理顾问的互动中透露自己的秘密是因为相信心理顾问会严格保守秘密。如果没有保密原则，客户就无法对心理顾问敞开心扉，表达自己真实的想法和感受。

婚姻家庭咨询中保密问题的特殊性在于有着多个咨询对象。家庭或者婚姻成员之间很可能存在不希望对方或者其他人知道的隐私和秘密，因而形成比较复杂的情况。在这类情况下，保密议题的处理可以考虑下列原则：

（1）在咨询开始前，心理顾问就清楚地告知每个成员，在个体咨询中所获得的信息，可能被心理顾问提出在整个家庭中讨论。这样客户可以自行决定是否要透露有关信息。

（2）心理顾问可以在评估后鼓励客户自己将秘密对整个家庭提出，但如果在心理顾问鼓励之后此家庭成员还是不愿意，心理顾问依然必须为其守密。

（3）对于未成年家庭成员来说，心理顾问要和他及其父母共同讨论咨询信息的保密程度、例外的情况等。

二、专业能力和责任

从事婚姻家庭咨询应该经过相应的婚姻家庭咨询的专业培训以及相关法律法规的专业训练。婚姻家庭咨询需要增进家庭中每位成员的福祉。心理顾问一方面要考虑推动家庭的系统改变，另一方面也要考虑某一位家庭成员的变化和福祉对其他家庭成员的影响。如果家庭成员在咨询目标上有冲突时，心理顾问要明确咨询目标是对整个家庭系统设置的。

三、价值观

虽然理想的状况是心理顾问能够严格做到客观中立，但这几乎是不可能完全做到的。在婚姻家庭咨询中尤为明显。实际上心理顾问自己也生活在婚姻、家庭关系中，有着理想家庭的模式，这本身也是价值观的一部分。

心理顾问的价值观对婚姻家庭问题的界定、形成和咨询计划都有着不可避免的影响，包括对问题的界定和形成、咨询目标和计划以及咨询方向等。处理私人心理顾问的个人价值观对咨询的负面影响应把握以下原则：

（1）认识到自己对婚姻、家庭的价值观会影响咨询进程，在工作中时刻提醒自己。

（2）家庭咨询的原则是反映家庭成员需求而不是决定家庭成员应该如何改变，协助成员更加清楚他们的言行，帮助和支持他们发生改变。

（3）因为在婚姻家庭咨询中心理顾问往往具有指导性，因此中立、不袒护任何一方的态度至关重要。

第五单元　抑郁与自杀相关的伦理问题

现代社会生活节奏越来越快，生活压力越来越大，抑郁症等心理障碍的发病率也越来越高。费立鹏等人2009年报告的流行病学调查数据显示，目前心境障碍的发病率已经达到6%。私人心理顾问所服务的对象，大多数是高压力人群，如何帮助他们应对工作、生活压力，调节情绪是其主要工作之一。

在压力管理、情绪调节乃至抑郁症等心理障碍的咨询中，评估自杀风险、预防自杀或自伤行为可以说是重中之重。国内外研究都发现，在采取自杀行动者中，大多数都在自杀前一个月有过求助行为。私人心理顾问也可能会遇到有自杀观念的客户，因此，私人心理顾问应学习危机干预相关理论知识，以更好地应用于实际工作中，及时发现危机并进行干预。

如果客户最终自杀致死，心理顾问会有强烈的哀伤、挫败、自我否定、内疚、抑郁等情绪，同时担心客户家属提出控告、被警方调查或者被媒体曝光、诋毁等。处理自杀危机，心理顾问要面对咨询技术和职业伦理的双重挑战。美国的一项调查研究发现，最常见的控告就是来访者企图自杀导致的，并且法院很有可能会判决最高数额的赔偿金。因此，对于客户心理危机处理不当会造成心理顾问财务和名誉的双重损失。

表1-1 抑郁案例咨询中的伦理两难问题

伦理两难问题	对伦理两难问题的理解
● 来访者有权利决定自己生死吗?面对有自杀倾向的来访者,咨询师要尊重其自主权吗?如果因为抑郁症等精神疾病痛苦不堪是否有权放弃生命?	● 在我国法律中,生命权是生命健康权。从中国文化的角度,我们讲求身体发肤受之父母的孝道,从哲学的角度,人并没有绝对的自由和自主权。人的自由总是和责任相伴的,从临床心理的角度,有自杀倾向的来访者往往是处在极端情绪下,认知狭隘,看不到问题解决的可能性。
● 如果身患绝症是否有权安乐死?	● 在我国,主动安乐死是不受法律支持的,如果咨询师协助来访者自杀显然是违法行为。
● 面对有自杀倾向的来访者,咨询师是否应该突破保密原则,如果可以突破,自杀倾向要严重到何种程度可以突破?	● 详见《伦理守则》第二条有关隐私权与保密性的论述。
● 咨询师对来访者的保护责任的限度在哪里?	● 咨询师对来访者的生命安全负有一定的责任,如果来访者的自杀是不可预知的,咨询师没有责任;如果忽视了有自杀倾向的来访者,没有做出恰当的评估,则可以算是失职。当来访者的自杀方式可能会影响他人的安全时,咨询师负有社会责任,即向可能受到损害的他人提出警告。保持良好关系和保障生命安全有时会发生矛盾。但保障来访者的生命权始终是首要考虑的情况。
● 如果咨询师判断有误未能预防来访者自杀,咨询师要负何种责任?	● 在咨询关系中,咨询师的责任问题主要包括:不当临床评估和诊断;完全没有自杀评估;咨询师已经准确评估和预测了其自杀危机,但没有落实预防自杀的具体措施。在以上三条中如果咨询师都已经做到准确诊断和评估,评估了来访者的自杀风险,落实了预防自杀的措施,就没有犯错误,没有责任。例如告知法定监护人,建议24小时监护,建议情况紧急时送往精神科专科医院诊断治疗甚至非自愿住院治疗都是必要的。

因此,为预防在应对自杀高危客户工作中的伦理两难问题,心理顾问应严守以下工作原则:

(1) 对所有客户进行自杀风险评估,并且在整个咨询过程中,自杀风险评估需要定期进行。

(2) 帮助客户发展出一个不易自杀的社会环境。例如告知其家人,严格管理客户可能用来自杀的工具,保持24小时监护等。

(3) 扩大并发展客户的健康生活的社会支持系统。

(4) 在此期间,心理顾问要关注自己的反移情,及时处理自己的焦虑、恐惧、无助无望等情绪。

(5) 以真诚的态度,表达对客户的关心和支持。与客户建立深入、信任、安全的心理联系和咨询关系。

（6）与每一位客户在咨询关系开始前，都要登记紧急联系人的联系方式，并要求客户提供真实的个人信息。以便在出现危急情况时，可以有效地突破保密原则，联系客户的法定监护人，在必要时送往专科医院救治。

（7）重视团队工作，遇到严重抑郁状态和有自杀倾向的客户，要与督导和同事讨论。

（8）了解自己的职业职责和能力，对于超出自己专业能力的个案及时转介到具有专业资源的单位，例如精神科专科医院。

（9）在整个个案处理过程中，要详细做好咨询记录，留下和客户互动的记录，证明心理顾问已经做了恰当、合法、必要的工作。

（10）系统学习《中华人民共和国精神卫生法》，在处理危机个案时需要严格按照法律规定进行。

第二章

私人心理顾问工作要求

第一节 私人心理顾问概述

第一单元 私人心理顾问的概念

随着社会的发展,竞争越来越激烈,在理论和现实的激烈碰撞中,一般心理问题、严重心理问题、神经症等与心理活动有关的心理卫生问题日益引起人们的重视。进入21世纪,中国社会的发展对心理咨询的需求大大增加。心理咨询事业出现了逐渐走向专业化、职业化的发展趋势。2001年4月,劳动部职业技能鉴定中心、中国心理卫生协会推出《心理咨询师国家职业标准》,同时《心理咨询师国家职业资格培训教程》完成编写、审定及出版工作。2002年7月,国家职业资格心理咨询师全国统一培训鉴定工作正式启动,学习的课程包括基础心理学、变态心理学、咨询心理学及咨询技能、管理心理学、发展心理学、心理测量学及测量技能、心理诊断技能等。目前我国参加心理咨询师职业资格培训的人数近60万人。中国心理咨询与心理治疗事业从一开始就超出了医学的范围,渗透到社会的各个层面,社区心理卫生和心理健康服务社会化已成为社会发展的必然趋势。一方面,心理咨询师职业资格鉴定蓬勃发展,另一方面,大量通过考试的心理咨询师无法从事专业工作;不是社会需求不够,而是技术、能力不足的问题。

2012年10月26日，第十一届全国人民代表大会常务委员会第二十九次会议通过《中华人民共和国精神卫生法》，指出各级人民政府和县级以上人民政府有关部门应当采取措施，加强心理健康促进和精神障碍预防工作，提高公众心理健康水平。制定的突发事件应急预案，应当包括心理援助的内容。发生突发事件，履行统一领导职责或者组织处置突发事件的人民政府应当根据突发事件的具体情况，按照应急预案的规定，组织开展心理援助工作。发生自然灾害、意外伤害、公共安全事件等可能影响学生心理健康的事件，学校应当及时组织专业人员对学生进行心理援助。心理咨询人员应当提高业务素质，遵守执业规范，为社会公众提供专业化的心理咨询服务。心理咨询人员不得从事心理治疗或者精神障碍的诊断、治疗。心理咨询人员发现接受咨询的人员可能患有精神障碍的，应当建议其到符合本法规定的医疗机构就诊。心理咨询人员应当尊重接受咨询人员的隐私，并为其保守秘密。综合性医疗机构应当按照国务院卫生行政部门的规定开设精神科门诊或者心理治疗门诊，提高精神障碍预防、诊断、治疗能力。《中华人民共和国精神卫生法》的颁布和实施，为心理治疗和心理咨询提供了法律依据和行业规范。

从心理咨询师的现实需求出发，人们的心理健康意识逐步提升，对心理健康服务提出了更高的要求。尤其是一些具有较高收入人士或群体，在满足基本需要的基础上，开始追求精神生活的质量和水平。很多人感到，生活中找不到合适的、能够与之倾诉的人，感到生活周围没有能够理解自己的人。在个人成长和发展、婚姻家庭、职业生涯发展等领域，需要具有一定资质的心理学专家的咨询和指导。在这样的社会大背景下，私人心理顾问这一职业应运而生。

"顾问"一词，含义较为丰富。"顾问冯唐，与论将帅"（《汉书·匈奴传赞》），"臣无陆生之才，不在顾问之地"（《晋书·段灼传》），顾问是指供帝王咨询的大臣；顾问也有询问的意思。后指有某方面专门知识，供个人或机关团体咨询的人。后来，"顾问"成为一种职业，专指一个职位，泛指在某件事情的认知上达到专家程度的人，他们可以提供顾问服务。根据职业的分类，也细分为法律顾问、品牌顾问、投资顾问、军事顾问、工程顾问等。顾问提供的意见以独立、中立为首要，为客户提供咨询服务。

私人心理顾问是指专为个人服务的心理工作者，由寻求专业服务者和心理专业人士达成协议，定期或不定期地为其提供专一的心理服务。具体可从以下四点进行理解：

第一，私人心理顾问是受过专业训练的临床心理学工作者，通过协议成为个人的心理顾问，按照协议约定提供心理服务的人。

第二，私人心理顾问是受过心理学专业、心理咨询执业能力培训，能够处理常见心理问题，具有转介来访者、提供家庭咨询建议的能力的人。

第三，私人心理顾问是心理健康服务的主要提供者，具有专业态度、技能和知识，有资格向客户提供连续性的心理卫生指导、健康维持和预防服务。私人心理顾问不但从名称上，更是从服务意识和服务范围上全方位地区别于传统的心理咨询师，他们不但具备较高的心理咨询从业素质，并且经过了专业、系统地培训，同时还要了解家庭治疗、个体咨询、团体辅导等方面的知识和技能，具有复合型人才的特征，能够为客户提供个体咨询、家庭辅导及成长发展等顾问式服务。

第四，作为信息提供者，私人心理顾问不涉及深层心理问题，在与客户的关系中，介入程度较浅，不再局限于传统的咨询关系、有限干预，而是与客户的联系更紧密。对于客户来说，私人心理顾问的专业知识和服务意识能够让人体会到这个职业的内涵，产生信任感，建立长期、稳定、健康、专业的咨询关系。

第二单元　私人心理顾问的角色定位

私人心理顾问是一种新型的心理服务，满足求助者对心理咨询的不同层次的需求，与心理咨询师有区别。首先，私人心理顾问具有极强的系统性、前瞻性及实时性，以及服务个性化和深层次需求的特点，在个人与心理咨询专家之间建立长期、稳定、健康、发展性的专业帮助关系。担任私人心理顾问的人都是经过专业训练的资深的心理咨询师，有丰富的实践经验，有开放、包容和负责任的态度，具有应付各种问题和情形的应变能力，能够处理包括与客户个人或组织心理有关的各种问题，帮助客户处理和协调个人成长、家庭关系问题等。与心理咨询师相比，其服务由被动的服务转向更高层次、更深层次的主动服务，及时发现和探讨客户人际关系、婚姻家庭关系、职业生涯发展等方面的内在冲突和矛盾，能够帮助客户处理和解决所有发展过程中的问题和在某一阶段所遇到的各种心理问题。这就突破了心理咨询师局限于工作关系的限制，更好地为客户提供咨询服务。优秀的心理咨询师通过严格培训可以成为技术全面、职业道德高尚、恪守准则、提供纵深服务的高水准私人心理顾问。能够有效地帮助客户解决心理矛盾、缓解内心冲突、化解心理危机；并能更好地帮助社会最基本单元——家庭与企业，促进社会和谐。

其次，私人心理顾问与心理咨询师的服务对象不同。前者主要指向健康人群。心理顾问所提供的专业服务，能够满足客户对心理咨询的个性化、私密性、深层次、即时性的精神需求。在高层次人群与心理咨询专家之间建立长期、稳定、健康、专业的顾问关系。马斯洛认为，精神分析研究的主要是不成熟、不健康和畸形的人，最终也只能导致消极的心理学，而行为主义主要研究外显行为，在心理学的研究对象上行为主义和精神分析都存在严重问题，远离现实的、成长着的人。为此，他提出心理学家应以健康的人或自我实现的人为主要研究对象，应关心人的精神成长、价值成长及道德发展。从这一点上看，私人心理顾问秉持了人本主义的理论取向，更符合普通大众的心理需求。心理咨询师则指向于有求助意识的来访者，虽然涵盖了发展性心理咨询的范畴，但从实践层面上，多是为解决自身心理问题前来寻求帮助的来访者。

第三，私人心理顾问与心理咨询师对服务时间的界定不同。私人心理顾问突破了心理咨询的时间设置，能够保持即时性，不再局限于每次50分钟的咨询时间界定；而心理咨询师则要严格遵循心理咨询的时间设置，考虑到时间设置对来访者的意义。

同时应注意到，私人心理顾问本质上仍然是心理咨询的职业范畴，在提供专业服务过程中，要恪守心理咨询专业所提出的有关伦理和道德守则，遵循保密原则，保护每位客户的隐私，做到尊重、真诚、共情，用心理学理论指导实践工作，为客户提供私人化的心理卫生咨询服务和健康指导。

第二节　私人心理顾问工作范畴

第一单元　私人心理顾问的服务对象与工作内容

私人心理顾问的职业目标，就是让客户持续长久地健康、幸福，内心和谐，并以需求为导向，提供全方位的心理服务，保证系统性、前瞻性、实时性的规范服务。

一、私人心理顾问的服务对象或工作地点

（1）大、中、小企业业主，银行、电信等企业高管；
（2）各类婚姻家庭咨询中心，心理咨询中心及EAP（employee assistance program，员工帮助计划）服务公司；
（3）家庭教育咨询机构，儿童辅导培训机构，青少年活动中心等；
（4）社区高级会所，家庭保健服务机构，健身美容会所等；
（5）各地情感热线，心理咨询中心等；
（6）各级妇联、工会、民政、司法系统等。

二、私人心理顾问的工作内容

1. 确立系统心理服务方案

私人心理顾问要根据客户的具体需求，为客户提供系统的心理服务方案，以完善的服务流程、安全的保密机制、成熟的咨询理念,为客户制定切实可行的心理服务方案。

2. 建立私人心理档案

根据客户的情况建立私人心理档案。包括心理咨询的个案记录、心理测评结果、效果评估等。

3. 心理评估

对客户进行心理评估,提供心理学资源和转介信息。

私人心理顾问要对心理学行业的发展及资源状况有充足的认识,能够为客户提供有效的建议。同时,私人心理顾问要认识到自己的工作局限,当私人心理顾问感到自身工作的局限时,可考虑转介。有下列情形可以转介:如果客户的咨询工作超过了你所胜任的水平;如果你不熟悉或不能用客户所要求的咨询方法;如果客户想要达到的目标与你的价值观相冲突;客户需要的服务和资源超出了你的个人能力,而且在目前工作环境中无法获得。在这些情况下,就要为客户转介,为他们联系其他资源。

但是,要注意探讨客户对于转介的准备程度,并认识到客户可能对你产生依恋而不愿选择或接受转介。一旦同意转介,就要向他们提供关于转介方的充足信息,这些信息常常是有帮助的。如果要向转介方提供客户的信息,必须首先获得客户的书面同意或授权。

4. 心理咨询

私人心理顾问不仅要面对客户自身的心理困惑,而且可能涉及其家庭,甚至涉及更深层次的婚姻家庭心理问题。

一个正常的家庭不是没有问题出现,而是可以很好地处理问题。所有的夫妻都会遇到适应对方、抚育孩子、处理与父母的关系等方面的问题,而这些问题随家庭发展的阶段和生活方式的变化而变。这时,私人心理顾问就要为客户家庭的建设与发展提供心理学建议。每个家庭都有处理问题的方式,私人心理顾问可以使用问题解决的方法。首先要关注的是家庭所表现出来的问题,探究家庭问题可以从倾听家庭成员的故事开始,用家庭成员自己的表达方式。其次,界定家庭系统,最密切的环境是核心家庭,或者是原生家庭,需要探讨家庭的结构和功能、婚外关系的卷入及家庭暴力等。再次,要将家庭看成一个动力系统,而不仅仅把某一家庭成员看作心理问题的焦点和咨询目标。

私人心理顾问不要陷入家庭问题内容的泥沼,要帮助客户看清家庭的动力模式,可以引入行为契约或沟通技巧训练。无论采取哪种形式的家庭辅导策略,最重要的是如何与不同的家庭成员间保持工作联盟,为家庭建设和发展提供有效的指导。

5. 身心健康维护

私人心理顾问签订工作协议和目标协议，与客户建立工作联盟，并确定客户和心理顾问之间的情感联系。工作联盟的概念在心理治疗中有很长的历史，始于弗洛伊德，其认为治疗关系是一种治疗合作伙伴关系，咨询师和来访者要以相互配合的方式进行工作。一项元分析研究表明，工作联盟和来访者的满意度和行为改变存在稳定的正相关关系。通过工作协议，制定工作框架体系，及时识别、界定、评估客户的心理状况，识别高风险情境，获得行为和认知的应对技能，并注意生活方式的平衡问题。

在个人心理健康层面，私人心理顾问可根据与客户信任关系的建立情况，了解客户的成长经历和背景资料，通过心理咨询的影响技术，倾听客户的人生故事，找到客户内心冲突的症结所在，提供心理学建议。

6. 系统性发展咨询

通过系统性发展咨询，为组织或团体的维系和效率的提高提供心理学建议。

私人心理顾问的职业性质决定了其参与客户生活、工作环境的自由度，一方面为个体及其家庭服务，另一方面也要深入客户所负责的团体开展工作，为组织的发展和工作效率的提高提供心理学的指导和服务。在国外，EAP已大规模地开展，并大大提高了心理学在组织管理中的地位。

私人心理顾问要有前瞻性视角，能够从组织的心理功能出发，对组织决策、组织管理、员工压力与情绪管理等方面进行指导，对组织中常见的心理问题和不当处理方式做到早预防、早发现、早干预，维护组织的健康和可持续发展。

7. 心理成长辅导

私人心理顾问可根据客户的心理发展状况，针对其成长中的问题进行深入访谈和心理干预，进行成长辅导。

8. 心理危机干预

危机干预是给处于危机中的客户提供有效帮助和心理支持，通过调动他们自身的潜能来重新建立或恢复到危机前的心理平衡状态，获得新的技能，以预防将来心理危机的发生。最低目标是在心理上帮助客户解决危机，使其功能恢复到危机前水平，最高目标是提高客户的心理平衡水平，使其具有更强的应对危机的能力。可以分为三个层次：一是帮助客户减轻情感压力，降低自伤或伤人危险；二是帮助客户组织、调动支持系统以应对危机，避免出现慢性适应障碍，使其恢复到危机前的功能水平；三是提高客户的危机应对能力，使其更加成熟。

9. 心理预警

私人心理顾问能够根据客户的情况，对企业、组织、家庭或个人发展中已经存在或可能发生的会造成巨大心理影响的事件进行早期评估，评估其可能产生的心理困境，适时进行预警。

第二单元　私人心理顾问的工作原则和方法

一、私人心理顾问的工作原则

1. 主动服务原则

与心理咨询师相比较，私人心理顾问的工作更加开放，由心理咨询的来访者求助模式转化为咨询师主动提供心理服务的模式。这种主动性，贯穿私人心理顾问工作开展的整个过程。从与客户签订协议、形成工作联盟开始，私人心理顾问根据工作协议，主动地介入客户的工作、生活，比如指出客户开展某项活动的心理意义，纠正其不正确的观念，为个人和组织发展提供心理学指导。

2. 慎重干预原则

作为私人心理顾问（而不是单纯意义上的心理咨询师），意味着更高层面的心理学指导，其总体的工作理念不是干预，而是指导、提供咨询。私人心理顾问和客户的关系不是单纯的咨询关系，而是工作关系。私人心理顾问的视野更广，资源利用度更高。在遇到需要解决的问题时，可以为客户提供或寻找可以利用的资源，真正起到顾问的作用。

如果客户确需心理咨询，私人心理顾问必要时可以心理咨询的方式开展工作，遵循心理咨询的基本原则。但对客户开展心理咨询服务要持慎重态度。

如果私人心理顾问把自己单纯看作是心理咨询师，就偏离了私人心理顾问的工作理念，这是不可取的。

3. 有利客户原则

私人心理顾问是为客户服务的，客户的利益是第一位的。私人心理顾问是根据个人需求而针对个人及其家庭、组织进行的特定服务。心理顾问主要针对社会上有心理疏导需求的高端客户。无论针对哪些工作内容，客户的需要都是重要的。在许多情况下，私人心理顾问要承担部分管理职能，在管理层面影响客户的选择和决策。这时，私人心理顾问要同客户协商，共同对情境进行分析，找到问题所在。

4. 准确定位原则

"定位"这一概念，最早来源于营销领域，现在已成为营销战略和营销规划的专业词汇。对于私人心理顾问来说，准确定位是指私人心理顾问能够认识自己所扮演的角色和职能，树立明确的、符合客户需要的形象，以争取客户的认同。

准确定位要考虑以下因素：一是私人心理顾问的资源；二是长期效应，不仅要设置短期目标，而且要设置明确的长远目标；三是坦诚原则，不断改进自己的短处，不断走向成熟，但是要注意灵活运用坦诚原则，否则可能弄巧成拙。

二、私人心理顾问工作方法

私人心理顾问的工作方法通常由客户带来的问题的性质决定。

1. 个体咨询

当客户描述的问题仅涉及其自身时，私人心理顾问可采取个体咨询的方式。这时的工作范畴属于心理咨询的范畴，需要按照心理咨询的设置来进行。个体咨询是心理顾问与客户建立一对一的咨询关系，在工作内容上，着重帮助客户解决个人的心理问题。

【案例2-1】

王某，男，45岁，私营企业经理。自述一个月前曾目睹一起严重车祸，车祸现场的惨象总是浮现在眼前，常被噩梦惊醒。开车时，常常担心自己出车祸，所以最近不敢开车上班。上班时也感到心神不宁，头晕心慌，工作效率极差，总想发脾气。

私人心理顾问了解到客户的情况，确定客户问题属于创伤后的应激反应，遂采用个体咨询的方式，进行个体心理干预。

2. 家庭咨询

当客户存在婚姻或家庭问题时，私人心理顾问要根据客户需求，开展婚姻家庭咨询，为客户家庭成员提供心理学指导和帮助。在制定咨询计划时，要掌握家庭治疗的相关理论与技术。若觉得自己的能力和经验有限，可以将客户转介；或者扩展自身经验，学习相关咨询技术和方法。

【案例2-2】

金某，男，50岁，某银行行长。自述近来夫妻关系紧张，因为自己常常要应酬，经常很晚才能回家。有一次，因为陪朋友去KTV唱歌，朋友请的客人喷了很重的香水。回家后，太太闻到自己身上的香水味，就怀疑自己有了外遇。近来，太太总是跟踪自己，常常翻看自己的口袋，寻找出轨证据。夫妻多次吵架。为此，金某苦恼不已。

私人心理顾问了解到金先生的情况后,建议金先生陪同太太一起进行婚姻家庭咨询。

3. 团体咨询

团体咨询是在团体情境中,向客户提供心理帮助和指导。一方面,通过团体内的人际交互作用,促使客户认识自我、探讨自我、接纳自我,学习新的习惯和行为模式,通过团体的力量,促进个人发展和成长。另一方面,对于客户提出的关于组织和团体发展的要求,私人心理顾问要开展诸如团队建设之类的活动,帮助客户解决组织或团体的心理困境,提高组织或团体的工作效率。研究表明,团体咨询对改善员工的情绪、压力、工作倦怠等方面效果显著。此外,心理顾问也可以从管理的角度出发,针对团体状况提出建设性的建议,提供咨询指导。

4. 提供资源

客户有责任向私人心理顾问提供企业或组织发展中的信息,便于私人心理顾问分析、解读;私人心理顾问也有责任为客户提供心理学资源,并提供心理学的辅导策略,优化企业或组织的管理策略。对于企业或组织准备开展的举措,在决策时,要听取私人心理顾问的意见。

同时,作为心理学信息的提供者,私人心理顾问要掌握心理学发展的动态信息,及时发现企业或组织、客户自身及家庭的心理状况,并将信息及时反馈给客户,做到信息通道畅通,实现无缝对接,及时调整目标。必要时,可寻求其他可利用资源或转介。

三、双方的权利和责任

私人心理顾问在工作过程中需要明确说明双方的责任、权利和义务,并在服务过程中贯彻执行。

表2-1 私人心理顾问与客户的责任、权利和义务

	私人心理顾问	客户
责任	● 遵守职业道德 ● 严格做好保密工作,并说明保密例外 ● 依照双方的协议合同,运用心理咨询理论和技术,提供正规的咨询服务	● 向私人心理顾问提供真实的资料 ● 积极主动地与私人心理顾问商讨工作内容和协议 ● 完成协议商定的作业

(续)

	私人心理顾问	客户
权利	● 了解与客户需求有关的个人资料 ● 选择合适的客户 ● 本着对客户负责的态度，有权利转介和终止服务	● 有权了解私人心理顾问的背景资料和职业资格 ● 有权选择合适的私人心理顾问 ● 有权提出转介或终止服务
义务	● 向客户介绍自己的背景资料和职业资格 ● 遵循咨询机构的有关规定 ● 遵守工作协议	● 遵循协议规定 ● 尊重私人心理顾问 ● 有特殊情况及时告知私人心理顾问

第三节　客户的选择和评估

在接受专业培训时，最重要的是能够在技能培养和助人活动的实际操作层面有清晰的认识。考虑到私人心理顾问的工作性质，对客户提供有洞察力、恰当的服务非常关键。几乎所有从事助人职业的专业人员都要理解自我，熟悉人际互动关系，知道在工作中贯彻伦理道德的重要性，并且了解人们在看待问题及寻找问题解决方法的方式存在着多样性。所以，在当前职业要求的背景下，私人心理顾问要识别哪些人可以成为自己的客户；要识别那些可能影响服务关系和恰当服务的因素，包括与价值观、文化多样性和道德规范等相关联的问题；能够判断哪些态度和行为有利于提供服务，哪些因素会损害或妨碍双方信任关系的建立。在此基础上，才能成为一名高素质的私人心理顾问。

在开展职业活动初始阶段，私人心理顾问要做好客户的适宜性评估，并对不适合自己的客户进行转介。

第一单元　客户的适宜性评估

一、客户的选择

私人心理顾问不筛选客户、不考虑客户的观点而独自选择策略或实施干预是错误的。在实践中，私人心理顾问要保护客户的权益，因为在工作协议中，客户是主动而非被动的参与者，私人心理顾问要与客户一同制定工作计划。同时，由于自身可能存在的工作局限性,所以,私人心理顾问要对客户进行筛选,找到适合的客户。

客户聘请私人心理顾问的目的主要有以下几种情形:①客户为企业或组织发展寻求心理学的帮助和指导,为企业和组织的决策寻求心理学依据;②客户在人际关系、婚姻家庭以及个人心理卫生方面存在现实心理困惑,寻求私人定制的心理学服务;③客户为自身、家庭或组织的健康发展寻求心理学专业工作者的专业指导。

根据客户的需求目标,私人心理顾问要保持警觉,选择适合自己工作方向的客户,而客户也有权利选择适合自己需要的服务。如果客户选择的目标与私人心理顾问的价值观严重冲突,或超出了心理顾问的能力水平,就可以转介或重新协商工作目标。

二、客户的评估

评估是整个咨询过程进展的基础,主要的评估过程在服务的早期进行,从某种程度上来讲,评估或对客户的鉴别贯穿心理顾问服务的始终。

一般来说,私人心理顾问会从客户那里获得大量的信息资料,分析、综合这些资料,并进行预测和假设,从而进行下一步的工作计划。

拉扎勒斯曾提出了问题评估的 BASIC.ID 模型,即评估客户的行为(B)、情感(A)、感觉(S)、表象(I)、认知(C)、人际关系(I)、药物使用情况(D)。但他同时宣称,大多数咨询师无法同时对这七项进行评估,只能依据自己的特长和理论取向处理一至两项。

对客户的评估可包含以下资料:
- 身份信息;
- 总体外观形象和行为;
- 以往的疾病史;
- 成长史;
- 家庭、婚姻和性方面的历史;
- 精神状况评估;
- 职业背景;
- 心理需求。

需要强调的是,私人心理顾问不仅要评估客户的潜力和资源、自我效能感等,还要评估客户的精神状况,即评估客户的精神状况是否超出心理学帮助的范畴。同时,要评估客户的需求,如果严重超出了私人心理顾问的能力,就要转介。

第二单元 咨询中的转介技巧

由于某些原因,当私人心理顾问不能为客户提供所要求的服务,或者客户需要其他心理顾问帮助时，进行转介是必要的。当前，心理卫生工作需要多学科的支持，在指导客户做出使用医疗资源的决策方面，应注重预防手段的使用，并且要关注技术与咨询服务的关系。

决定转介客户时，私人心理顾问要承担一些责任，以保证客户能够对新的心理顾问进行选择，并且保证接受转介者能够胜任、没有服务质量差或不好的声名。

首先要了解客户对转介的准备程度；其次客户一旦接受转介，私人心理顾问要有积极的合作态度，不应有不符合现实的要求；第三，私人心理顾问需要与客户讨论接受转介者的资源情况，以消除客户的焦虑情绪，并向客户提供充足信息。

第四节　私人心理顾问的服务技能

第一单元　私人心理顾问的自我保护和自我成长

一、私人心理顾问的自我保护和自我成长

私人心理顾问是一项极富挑战性的职业，对从业人员的要求较高，自我成长是其从业的必修课程。心理学家考夫卡曾经说过，你能把别人的生命带到多远，要看你自己的生命走了多远。私人心理顾问是一个体验成长并具有成长功能的人。如果缺乏成长的经验，就难以拥有从业所必需的安全感、自信心等内在心理需求，从而无法体验客户的内在心理成长过程，无法保持清醒的自我觉察和自我接纳。私人心理顾问的自我成长和自我保护可通过自我体验、心理督导、自我照料三方面来实现。

1. 自我体验

私人心理顾问要有自我接受心理咨询的体验，这是私人心理顾问成长的必备条件之一，也是探索自己、提高自身的觉察能力的方法，自我体验能够帮助私人心理顾问对工作中可能会忽视的问题保持敏感。同时，私人心理顾问必须注重个人在生命哲学意义层面的成长，这种成长体验将会渗透在私人心理顾问的实际工作中。它是心理顾问的心理成熟度、心理健康水平不断提高，形成更加清晰的自我认识和更加敏感的自我察觉的过程，同时具有自我成长、发展的能力，能够积极适应和改善周围的环境。

只有心理功能完备的人才可能成为一名成功的私人心理顾问。因此，私人心理顾问在自我体验过程中需要思考以下内容：

（1）个人的生命观。私人心理顾问必须对自己个人的生命哲学观有清醒的觉察和澄清。考瑞指出，对价值观的察觉、价值观从何而来与如何获得以及咨询师的价值观是如何影响来访者等问题对心理咨询教学和督导非常重要。在探索自己的历程中，一个焦点就是检查个人的价值观是如何影响咨询工作的。

(2) 生活中的"未完成事件"。"未完成事件"(unfinished business)指个人生活中在情感上没有处理好的事情，包括悔恨、愤怒、怨恨、痛苦、焦虑、悲伤、罪恶、遗弃感等。身为私人心理顾问，如果自己的心理创伤未能治愈，或内心冲突没有得到解决，本身就会带有很多问题，如果将这些问题带进工作关系，不仅妨碍对客户的理解，还会扰乱关系的建立，甚至对客户造成伤害。这种事件常常与鲜明的记忆及想象联结在一起，徘徊于潜意识或意识中，会被不自觉地带入现实生活，影响个人对现实生活的知觉。

(3) 自我概念与自我觉察。优秀的私人心理顾问对自己有比一般人更高的自我觉察力，对自己更清楚、肯定，知道自己的长处，也不回避短处，有着较为清晰的自我概念。私人心理顾问如果不了解自己，只掌握了技术，那么只可能是一个好的"技师"。如果既懂得自己，又掌握了技术，才具备了咨询的能力。在咨询过程中，心理顾问能带进服务工作关系中最有意义的资源，就是自己的体验。

私人心理顾问需要在个人的职业生涯中不断地觉察客户对自己的影响。最为重要的是进行自我探索、体验成长。

2. 心理督导

在私人心理顾问从业之初和从业期间，接受专业督导是十分必要的，这是帮助私人心理顾问在专业技能方面快速提高的有效途径，也是衡量其是否合格的标准之一，更是私人心理顾问的职业要求。心理督导是对长期从事心理咨询工作的专业人员职业化过程的专业指导。是一个由有经验的心理督导师来完成的复杂过程，其目的是培训资历尚浅的心理顾问更有效地完成咨询工作。

现代的心理督导的内容通常包括两方面：一是帮助私人心理顾问更好地掌握心理咨询的理论和技术。督导者经由不同的方式启发受督导者将理论应用于实践，提升咨询能力和助人技巧。二是促进被督导者的自我认识与个人成长，督导者协助接受督导的私人心理顾问省察自己的表现，深化自我认识，澄清专业角色，促进个人成长。这是私人心理顾问自我成长的过程。

心理督导按照不同的标准可以划分为不同的形式。按被督导者的数量多少，分为个体督导和团体督导；按督导师的级别不同，分为上级督导和同辈督导。

个体督导是指一名私人心理顾问接受一名督导师的督导。团体督导，也叫小组督导，是指一个团体(10~20人)同时接受某一名督导师的督导。上级督导是指由资深的督导师督导资历尚浅的私人心理顾问。同辈督导是指"同级别"的督导,由两个或多个资质相似的私人心理顾问相互督导。

专业督导不仅对于提高接受督导者的专业水平及解决其自身问题十分有益,而且可以间接帮助接受督导者更有效地服务客户。

3. 自我照料

许多私人心理顾问都面临管理和支持机构不足的问题,常常将此视为自身压力的主要来源,从而影响私人心理顾问自身的心理健康。所以,私人心理顾问要有一整套系统化和整合的方法提供关怀和成长,做好自我照料。以下八个方面可以为私人心理顾问提供很好的建议:

(1)把学到的知识、技术先用于自己的生活;
(2)不轻率地接个案,学会拒绝和转介;
(3)不要在双重关系下充当心理顾问;
(4)先服务,后收费,避免欠债工作;
(5)照顾好自己,留出时间休息;
(6)把职业伦理看成保护自己的护身符;
(7)清晰区分工作和娱乐、事业和情感;
(8)积极与同行交流,接受督导和自我体验。

二、私人心理顾问的服务创新

私人心理顾问的工作是动态的,不是一成不变的,工作程序和工作策略随客户的需求而不断发生变化。私人心理顾问工作的前瞻性和主动性,决定了其工作活动的新变化。所以,私人心理顾问要及时和客户沟通,保持信息畅通,协调工作目标。

所谓服务创新,就是指新的设想、新的技术手段转变成新的或改进的服务方式。客户不满意,就没有市场,没有满意的市场,职业就失去了生命力。所以,私人心理顾问要利用各种资源提高自己的水平和从业资质,不断扩充视野,学会接纳新事物,及时补充专业及相关能力的不足,以应对客户需求的变化。

第二单元 私人心理顾问的服务技能和知识结构

私人心理顾问作为一名心理学专业人员,从事专业的助人工作和心理顾问,必须具备一定的专业条件和知识结构。

一、私人心理顾问的专业条件

1. 基础理论知识

（1）发展心理学。从应用的角度学习、理解和体会人生各个阶段的心理发展，除了有关发展的基本理论外，要特别注重不同发展阶段的人的心理冲突、发展任务，以及从终生发展的角度看待不同发展阶段个体心理变化的意义和价值。

（2）咨询心理学。不仅要了解精神分析、行为、认知、人本主义理论，还要了解个体和团体心理辅导的原理和规律，了解性心理的发生及发展规律，包括社会心理学中的相关内容，以及能在咨询过程中应用会谈技能。

（3）变态心理学。私人心理顾问不仅需要了解人的常态发展和人格构成等，还要了解人的非常态表现、类型、特点及其原因等。变态心理学提供了一个科学框架，可以更好地理解人的异常心理现象的发生、发展和变化规律。

（4）人格心理学。从应用的角度学习各种人格理论，了解各种人格理论对人性的假设，以及在此基础上提出的人的存在架构及其构成要素，了解个体内在的动力、需求等，这是一门非常重要的基础课程。

（5）职业生涯管理。从应用的角度学习职业生涯管理的有关内容，包括职业生涯发展的基本理论、生涯决策等内容，掌握生涯辅导的有关技术，力求以卓有成效的理论知识、技能和解决方案为客户提供支持。

2. 专业技能

（1）专业领悟力。私人心理顾问首先是顾问，即提供指导和信息服务，不涉及深层心理问题，但需要对专业中的一些基本问题和内容有较深入地理解，无论自己从事什么方面的心理顾问工作，都能放在咨询专业构架中运作，按私人心理顾问的工作原则、专业要求和伦理规范帮助客户。私人心理顾问要有良好的专业领悟力，具有敏锐的感知能力和灵活的问题解决能力。

（2）建立工作联盟的能力。私人心理顾问依据工作协议设定工作框架，从而与客户建立工作联盟。私人心理顾问需从应用的角度接受这一服务模式的专门性系统训练，参加职业技能培训。私人心理顾问需要将客户放到他所在的系统中去看待，理解其生活的社会环境、文化背景等因素与其心理困惑或矛盾的关系，体会客户和其所在系统的相互作用关系，并建立有效的工作框架。

（3）心理危机干预的能力。私人心理顾问要掌握突发事件心理危机干预的管理处置流程、操作流程和应用技能，熟悉心理危机干预技术，能够处置现场突发事件，提供心理社会支持。

(4) 自我成长的能力。在私人心理顾问的专业学习过程中，要参加专门的关于自我成长的课程，需要有接受督导的经历，通过一些专业的途径获得自我成长，对自己有更加客观的认知和了解，成长伴随着私人心理顾问的整个职业生涯。

3. 专业资质

具备心理咨询师、心理治疗师或家庭治疗师职业资格，并具有五年以上的相关工作经验者可报名参加私人心理顾问培训。私人心理顾问成为专业人员的过程也分为不同的阶段，每个阶段有不同的主题，比如参加培训、接触客户、获得督导经验。初学者必然更关注技能的培养，而不是个人的咨询特色；随着职业化进程的发展，关注的主题和重点会不断变化。在职业活动中，如果只关注自己、关注自己作为私人心理顾问的技能发挥的好坏及实施某个程序的细节，将会削弱与客户建立关系的能力。

作为私人心理顾问，在经受挑战的同时，也在成长与改变，将一些断断续续的操作步骤逐渐强化为成熟、自动化、连续而和谐的整体。

二、私人心理顾问的知识结构

私人心理顾问作为一项专业活动，其服务质量和水平受到个体知识结构的影响。除了具备心理学基础知识和专业技能外，私人心理顾问还需要具备该职业所需的其他相关领域的基础知识和技能。在基础知识方面，要了解职业伦理，熟悉中国文化和国人心理特点，掌握不同人生阶段的心理特性，并合理解读社会化、家庭亲子教育等方面的信息。在技能方面，要掌握企业管理、潜能开发、职业生涯规划、私人心理顾问实务等方面的技能。具体如下：

1. 私人心理顾问所需的基础知识

(1) 私人心理顾问工作要求。

(2) 私人心理顾问职业伦理。

(3) 人生各发展阶段的心理特性。

(4) 社会化与人际关系。

(5) 家庭亲子教育。

(6) 婚姻与性心理咨询。

(7) 管理心理学。

2. 私人心理顾问所需要的职业技能

(1) 心理危机干预技术。

(2) 企业管理咨询。

(3) 职业生涯辅导技术。

(4) 夫妻关系咨询技能。
(5) 亲子关系咨询技能。
(6) 人际沟通咨询技能。
(7) 私人心理顾问实务。
(8) 情绪与压力管理。

第三章

个人成长与发展

第一节　婴儿期的发展

第一单元　婴儿期的生理和认知发展

一、身体的发展

生命最初的两年是人类身体飞速发展的时期，5个月时，婴儿的体重一般会达到出生时的两倍，1岁时体重将达到三倍。身高亦是如此，1岁时婴儿一般可以长到76厘米，2岁的平均身高为91厘米。

婴儿身体的快速发展遵循四个主要原则：

(1) 头尾原则（cephalocaudal principle）。身体的发展先从头部和身体的上半部开始，然后进行至身体的其他部分。

(2) 近远原则（proximodistal principle）。身体的发展从中央部分进行至外围部分，即躯干的发展优先于四肢末端。

(3) 等级整合原则（principle of hierarchical integration）。首先是简单的技能独立发展，然后再整合成为复杂技能。

(4) 系统独立性原则（principle of the independence of systems）。不同的身体系统

有着不同的发展速率。

虽然婴儿的身体发展遵循这四个原则的调控，但是每个婴儿生长发育的结果却千差万别，最重要的影响因素当属基因与环境，基因与环境的交互作用影响了婴儿身体发育的结果。基因决定婴儿的发展潜能，而环境的适宜程度决定了潜能表达的充分性。具有适当营养状态和良好养育环境的婴儿会比那些营养缺乏、没有得到很好照料的婴儿长得好。

二、运动能力的发展

运动能力分为两种——粗大运动技能和精细运动技能，前者主要是指四肢、身体的运动，如坐起、爬行、走路等；后者主要指的是手部的动作，当然也包括手眼协调、四肢协调的能力。

婴儿的运动能力随月（年）龄增加飞速发展，日新月异的变化总会给年轻的父母带来很多惊喜。然而有时也会引发一些忧虑，如"为什么别的孩子可以坐得很稳了，而我的孩子还不可以，会不会有什么问题"。如表3-1所示，50%的儿童在5.9个月的时候可以在无支撑物的情况下坐起来，90%的儿童在6.8个月的时候具备这项技能，而有少数儿童会在更早或者更晚的时候具备这项技能。发展心理学家埃斯特·泰伦提出的动力系统理论有助于解释不同儿童在运动能力方面表现出的个体差异。泰伦认为儿童的运动发展是一个整合的过程，整合的内容包括肌肉的发展、知觉能力和神经系统的发展，以及执行特定活动的动机和来自环境的支持。该理论强调了儿童的自身动机对于促进运动发展的重要作用，如一个婴儿需要具备"想要拿到物体"的动机才会促使他发展爬行的技能。因此婴儿运动的发展不仅仅是身体的发展，还包括了神经系统及心理的发展，以及环境的影响。

表3-1 运动发展的里程碑

技能	50%	90%
翻身	3.2个月	5.4个月
手抓拨浪鼓	3.3个月	3.9个月
无支撑地坐起来	5.9个月	6.8个月
扶着支撑物站立起来	7.2个月	8.5个月
用拇指和其他手指抓住物体	8.2个月	10.2个月
独自站立	11.5个月	13.7个月
行走良好	12.3个月	14.9个月
用两个立方体搭积木	14.8个月	20.6个月

（续）

技能	50%	90%
能够上楼梯	16.6个月	21.6个月
原地跳跃	23.8个月	28.8个月

注：此表分别列出50%和90%的婴幼儿获得某种技能的大致时间。

三、感知觉的发展

婴儿的世界一度被认为是"极其混乱的"，然而现在的研究证明，婴儿具有令人惊讶的感知觉。初生婴儿的视力范围是一般成人的十分之一到三十分之一，6个月大的婴儿的视力几乎可以达到成人的视力水平。罗伯特·范茨的婴儿视觉偏好研究发现，婴儿天生对某些特殊刺激有偏好，如初生几分钟的婴儿喜欢曲线而非直线，喜欢人脸胜于非脸图形。在出生几个小时后，相对于其他人的面孔，婴儿已经对自己母亲的面孔产生了视觉偏好。

婴儿在出生以前就具备了听觉能力，在4个月的时候他们就可以区分自己的名字与其他相似的发音，大致1岁左右，他们的声音定位能力可以达到成人的水平。

对于婴儿来说，触觉是最先发育的感觉系统之一。婴儿的触觉能力对于他们探索世界的需求特别有帮助。6个月大的婴儿常常把任何东西都放到嘴里，这是他们运用触觉来获取相关信息的方式。而且触觉会触发一种复杂的化学反应，轻柔的按摩可以刺激婴儿大脑产生促进生长的特定化学物质，有助于婴儿的存活。

四、皮亚杰的认知发展观

在瑞士心理学家皮亚杰看来，婴儿获取知识的方式为：行动＝知识，即知识是直接的运动行为的产物。皮亚杰把0～2岁的认知发展定义为感觉运动阶段，表3-2描述了感觉运动阶段的亚阶段与表现。

表3-2 感觉运动阶段的六个亚阶段

亚阶段	年龄	描述
简单反射	出生至第1个月	婴儿运用先天的条件反射并对这些反射有些控制，但他们还无法协调感觉器官传递的信息，如他们无法抓住眼睛看到的物体
初级循环反应	1～4个月	婴儿开始将个别的行为协调成单一、整合的活动，如将抓握一个物体和吮吸这个物体结合起来

(续)

亚阶段	年龄	描述
次级循环反应	4~8个月	婴儿开始将他们的认知区域转移至身体之外的世界，对外面的世界产生更多的兴趣，如变换摇拨浪鼓的方法并观察声音的变化
次级循环反应的协调	8~12个月	婴儿开始采用更具计划性的方法探索世界，将几个图式协调起来生成单一的行为，并且发展出客体恒常性
三级循环反应	12~18个月	婴儿开始更多的"实验性"行为，并仔细观察行为带来的结果，如他们会反复地扔一个玩具并不停地改变扔玩具的地点，仔细观察玩具掉落的位置
思维的开始	18~24个月	婴儿获得心理表征能力或象征性思维能力，他们可以想象出看不到的物体可能在哪里

五、智力的发展

定义和测量婴儿的智力比成人更难，发展心理学家阿诺德·格塞尔提出了发展商数（developmental quotient，DQ）的概念。DQ涉及四个领域的表现：动作技能（如平衡和坐）、语言使用、适应性行为（如改变和探索），以及个人—社会（如自己吃饭和穿衣服）。贝利婴儿发展量表是用于评估2个月至4岁婴儿发展状况的最常用的工具之一。但此类量表无法对儿童未来的发展进程进行预测，因为多数对婴儿行为的测量与成人智力的相关性不高。

表3-3 贝利婴儿发展量表（节选）

年龄	心理量表	动作量表
2个月	把头转向有声音的地方 对面孔的消失做出反应	保持头部直立、稳定15秒 能在外力协助下保持坐姿
6个月	握住把手并拿起杯子 看书中的图片	独自保持坐姿30秒 用手抓脚
12个月	建造两层的积木塔 翻书页	在有帮助的情况下能行走 抓住铅笔的中部
17~19个月	模仿蜡笔画 认出照片中的物体	用右脚独自站立 在有帮助的情况下走上楼梯
23~25个月	匹配图片 模仿两个字的句子	用线绳串3个珠子 跳的距离有10厘米远
38~42个月	命名四种颜色 明确性别	照着画圆 单脚跳两次 换脚下楼梯

第二单元　婴儿期的社会性及人格发展

一、关系的形成

美国心理学家埃里克森认为婴儿期的心理发展任务是基本的信任关系。这个过程开始于出生，持续到12～18个月。在最初的几个月里，婴儿建立起对人的基本信任的感受。这种信任的感受是平衡的，处于信任（帮助婴儿建立亲密关系）与不信任（促使婴儿保护自己）之间。如果以信任为主，那么婴儿会发展出希望感：婴儿会相信他们的需求和欲望可以得到满足。如果以不信任为主，那么婴儿会觉得世界不是那么友好并且不可预测，他们在建立关系时会出现问题。让婴儿获得信任感最为关键的因素就是敏感、有回应、稳定一致的照料。

依恋理论从另一个视角描述了婴儿期社会性发展的最重要方面——形成社会联结。依恋被定义为在婴儿与照料者之间的交互、持续的情感性联结。依恋理论最早是由约翰·鲍尔比提出的，他认为依恋建立在婴儿安全需求的基础上，他们能够知晓某个特定的照料者最能够提供安全的保障，在此基础上发展出与该照料者（通常是母亲）的特殊的情感联结。发展心理学家玛丽·安斯沃斯在鲍尔比的理论基础上发展了陌生情境实验，确定了婴儿具有不同的依恋类型，如表3-4所示。

表3-4　陌生情境下的依恋行为

依恋类型	行为
安全型	婴儿把母亲视为安全基地；母亲出现时他们很放松；母亲离开时显得有些难过；重聚时他们便回到母亲身边
回避型	婴儿并不寻求接近母亲，当母亲离开后再回来时他们似乎在回避
矛盾型	婴儿对母亲既有积极反应也有消极反应，当母亲离开时他们变得非常沮丧；当母亲返回时他们会寻求接近，但同时好像也很生气
混乱型	安全依恋程度最低的类型，婴儿有不一致、矛盾和混乱的行为。当母亲回来时他们会寻求接近但不看她，或最初显得很平静但后来却爆发出愤怒的哭泣

注：混乱型依恋由马里·梅因等人提出。

二、气质类型对个性的影响

气质包含个体一致且持久的唤醒模式和情绪特点。气质类型用于形容人们如何行动:不是做了什么,而是如何做。举例来说,两个婴儿对做一件相同的事情具有同等的动机,但是一个可能动作快、不分心,而另一个动作慢、容易走神。气质类型不仅影响外部的行为,同时也会影响个体对自己心理和行为功能的调节。表3-5列出了三种不同的气质类型。

表3-5 三种气质类型

"易养型"婴儿	"难养型"婴儿	"迟缓型"婴儿
情绪适度,通常是正面的。	表现出强烈、频繁的负面情绪,经常大哭或者大笑。	情绪适度,有正面也有负面。
对新鲜和改变反应良好。	对新鲜和改变反应较差。	对新鲜和改变反应较慢。
比较快地形成睡眠和喂养的规律。	睡眠和饮食没有规律。	睡眠和饮食的规律介于"易养型"和"难养型"之间。
接受新的事物很容易。	接受新的事物比较慢。	对新鲜刺激的初始反应是中等负性的。
对陌生人笑。	对陌生人警惕。	
能迅速适应新的程序和游戏规则。	对新的程序和游戏规则适应较慢。	在无压力的状况下通过反复地接触可以建立与新鲜刺激的联结。

三、常见的发展问题及应对

1. 人工喂养和母乳喂养

对于1岁以下的婴儿来说,无论是从营养学还是心理学上来讲,母乳喂养都是最自然、最理想的哺乳方式。母乳不仅可以为婴儿提供生长必需的所有营养,而且还为婴儿提供免疫力。有些研究表明母乳可以促进婴儿的认知发展,使其成年时具有更高的智力。

母乳喂养在提供母亲与孩子之间的情感交流方面具有明显的优势,心理学家把哺乳称为"特殊的时刻"。在这个过程中,母亲与孩子有着充分的目光接触,婴儿会对母亲的抚摸和凝视做出回应,这种互动反应会促进婴儿良好的社会性发展。

当然,有些母亲因为某些原因无法进行母乳喂养,只能采用人工喂养的方式。人工喂养对婴儿来说并不意味着"严重的创伤",这需要母亲不仅仅把哺乳当作是满足婴儿的生理需求,而应珍惜这一特殊的温馨时刻,通过积极互动与婴儿建立亲密的情感联结。

2. 认生

大约从 6 个月开始，婴儿开始对陌生人有了和以前不太一样的反应，他们见到陌生人时可能皱起眉头，要么扭过头去，要么用怀疑的眼光盯着人看。很明显，他们在用自己的方式表达着并不想和陌生人在一起。这种反应被称为陌生人焦虑——当婴儿遇到不熟悉的人所表现出来的小心与谨慎，陌生人焦虑通常出现在 6 个月以后。婴儿为什么会认生呢？这其实是婴儿的大脑及认知能力发展的结果。随着记忆系统的发展，婴儿能够把认识和不认识的人区分开来，并更愿意积极地回应他们所熟悉的人。

婴儿认生，照料者应该做些什么呢？首先，照料者应该意识到孩子的这种变化符合正常的心理发展规律，并通过抚摸孩子身体等形式给予安慰，使其感到安全。而不应该在孩子面前流露出沮丧，甚至是生气的模样。如果这样的话，就会让孩子感到自己信赖的人不理解、不支持自己，从而产生委屈、困惑和无助感。其次，在日常生活中，照料者应该坚持带孩子到户外活动，去接触不同的人，当孩子在与陌生人的交往中逐渐意识到他们不会对自己产生伤害时，孩子的害怕心理就会缓解很多。第三，照料者的行为也会影响着孩子对陌生人的距离感。如果照料者对陌生人采取友好态度，孩子也会愿意对陌生人产生亲近感。

3. 吃手

吃(吮)手历来被认为是坏习惯，但其实不然，从心理和生理学角度来看，婴儿与幼儿吸吮手指的意义是不同的，应区别对待。

根据弗洛伊德的观点，嘴部的活动能够给 1 岁以内的孩子带来很多快乐的感觉，同时也是身体和认知发展所需要经历的阶段。2～3 个月的婴儿能够吸吮自己的手是一种正常的现象，是婴儿智力发展的一种信号，这意味着婴儿即将进入到手指分化协调的阶段，为以后抓握动作的出现打好基础。作为照料者，应在这一时期(6 个月内)允许婴儿吸吮手指，这有利于大脑的发育。

当孩子已经停止吸吮手指、但又重新出现这种现象，可能意味着孩子在发展过程中遇到了压力，如断奶、弟弟妹妹的出生等。面对这些情况，孩子会通过重新吸吮手指来摆脱焦虑不安的情绪，是一种自我安抚的方法。

所以当孩子重新出现吃手行为时照料者应该首先反思：最近孩子遇到了什么困难。然后应多花时间陪伴，经常抚摸、拥抱孩子，让他们感受到足够的安全感以缓解焦虑。吸吮手指是正常发展过程中的一个阶段，随着孩子年龄的增长，他们就会将注意力逐渐转移到外部世界，对吸吮手指失去兴趣。

4. "早教"的误区

最近有一句话非常流行"不能让孩子输在起跑线上"，很多人赞同的同时也有不少人对此产生怀疑。从发展心理学的视角出发，遗传、环境和敏感期是影响婴儿早期发展的三个重要因素。

大脑的发展主要是由基因(遗传)决定的，但在出生后的最初几年，大脑的可塑性是最强的，因为此时大脑的许多区域还没有为特定的任务进行分化，而且婴儿的感觉经历既影响个体神经元的大小，也影响神经元之间的联结。因此，与那些在丰富环境中被抚养起来的婴儿相比，在受到严重限制的环境中抚养起来的婴儿其大脑的结构和重量都不太相同，相当贫乏或受限制的环境会妨碍大脑的发展。此外，在生命早期中的某些特定时期，个体的某些能力特别容易受到环境的影响，比如视觉的敏感期、语言发展的敏感期等。

为了促进婴儿的认知发展，有些父母购买一些电子产品进行早期教育。然而这些产品的有效性并未得到科学研究的证实。婴儿学习的方式与年长的儿童不一样，他们无法从具有特定目标的结构化活动中受益，婴儿的学习方式是以无计划的方式探索周围世界，他们的学习仅仅是跟随自己探索周围世界的好奇心。对于早期教育，发展心理学家提供了一些建议：

(1) 为婴儿提供探索世界的机会。
(2) 在语言和非语言层面都要对婴儿快速反应。
(3) 给婴儿读书。
(4) 没有必要一天24小时都与孩子在一起。
(5) 不要强迫婴儿，不要对他们期望过高。

5. 第一叛逆期

当孩子进入2岁后，"反抗精神"崭露头角，2~5岁这个阶段被称为人生的第一叛逆期。随着孩子心理和运动机能方面的快速发育，他们的行动自由度和活动范围不仅越来越大，自我意识也不断地提高。因此，他们对于自己决定做什么事和怎样做的渴望越来越强烈。这些行为虽然有时会让家长感到不快，甚至认为孩子在故意找麻烦，但这些行为不仅是孩子享受成就感的一种方式，更是他们走向成熟、建立自信的重要过程。

在这个阶段，家长首先要做到的是尊重孩子的人格，尊重发展规律，不要挫伤和剥夺孩子的学习热情和信心。如果孩子喜欢做某件事情的兴趣已经被唤起，家长应该创造保护性的环境，并鼓励他们的探索和实践。若长期限制或替代孩子的自主愿望，可能造成自卑或者依赖。

第二节 学前期的发展

第一单元 学前期的生理和认知发展

一、身体和运动的发展

尽管与之前的发展速度相比已有减缓,3~6岁的孩子仍处于快速生长阶段。大概3岁左右"婴儿肥"会开始消退,孩子会变得"苗条"一些。肌肉和骨骼的进一步发育使他们看上去更为健壮,与更为成熟的大脑和神经系统配合在一起,让这个年龄阶段的孩子可以发展出更多的运动技能。

3岁的孩子可以基本掌握蹦跳、单脚跳、跳跃和跑步等技能。4~5岁的孩子对肌肉的控制越来越好,运动技能更加精细化。5岁的孩子可以学会骑自行车、爬梯子、滑雪等复杂的动作。

二、认知的发展

皮亚杰把学前期称为前运算阶段,该阶段从2岁开始持续到7岁左右。这个阶段的孩子更少依赖直接的感觉运动而更多地使用象征性符号思维来理解周围的世界,但是他们还不能运用逻辑性的思维过程进行运算。表3-6和表3-7分别列出了此阶段儿童的思维特点。

表3-6 前运算阶段获得的能力

发展优势	特征
使用象征	可以使用心理符号、词语或者物体代替或表征一些不在眼前的东西。如词语"汽车"或者一辆小汽车玩具可以代表真正的汽车。
理解原因与结果的关系	认识到事物是有其原因的。
分类的能力	对物体、人和事物进行有意义的归类。
理解数字	可以计算并处理数量。
共情能力	更理解别人的感受。
心理理论	更能意识到心理活动与心理功能的存在。

表 3-7 前运算阶段还不具备的能力

发展受限	特征
中心化	只能关注到事物的某个方面而忽略其他方面。
不可逆性	不能理解某些操作可以逆转并恢复到原来的面貌。
直觉性思维	认为自己知道各种问题的答案，但是对于世界运转方式了解所持有的信心却几乎没有逻辑基础。
自我中心	不能考虑其他人的观点，不能明白其他人有着和自己不同的视角。
无法区分外观与现实	很容易被外观迷惑而无法了解到事实。

第二单元　学前期的社会和人格发展

一、自我意识的形成

心理学家埃里克森认为3~6岁的心理发展任务为：主动对内疚阶段。在这个阶段，儿童一方面想要独立于父母自己做事情，另一方面，当他们没能成功的时候会因为失败而产生内疚感。随着不断面对这一冲突，他们逐步形成了对自己的看法，他们开始把自己看成对自己行为负责的人，开始自己作决定。

二、性别同一性及性别差异

性别意识是自我概念中非常重要的一个方面，儿童在2岁左右就可以区分周围的人是男性还是女性。学龄前儿童对于男孩和女孩应该有怎样的行为有着严格甚至刻板的想法，他们更愿意和同性玩伴一起玩。

此阶段的男孩和女孩也存在一些心理和行为差异。女孩似乎发展得更为成熟，她们的感知速度和词汇发展显著优于男孩，男孩则在数学、形状和迷宫问题上更具优势。

三、友谊与游戏

在学前期阶段，儿童与朋友之间互动的质量与种类均在不断变化，3岁儿童友谊的焦点是共同参与活动所带来的快乐，大一些的学前期儿童则更关注信任、支持和共同兴趣等抽象概念。在整个学前期阶段，一起玩耍在所有的友谊中均占据重要的地位。

对学前期的儿童来说，游戏不仅仅是用于"打发时间"，它对儿童的社会性发展、认知与身体的发展均有帮助，甚至在大脑的发育中也起到重要的作用。3岁左右儿童开始进行功能性游戏——简单、重复性的活动，如玩布娃娃、汽车，或者跑、跳之类，这类游戏的目的是保持参与者的活跃性,但不能创造出产品。4岁时儿童开始进行建构性游戏,儿童操控物体来生成或建造产品,如用积木搭建房子、完成拼图等,这类游戏有一个最终目标。建构性游戏有助于儿童发展身体和认知技能,并锻炼精细动作。

四、亲子关系

戴安娜·鲍姆林德通过对来自95个家庭、103个学前期儿童的研究发现,父母的教养方式对孩子的性格塑造、行为表现、发展结果、亲子关系等方面具有显著的意义。表3-8列举了四种不同的教养风格。

表3-8 教养风格

		父母对孩子的要求	
		有要求的	没有要求的
父母对孩子的回应	高回应性	**权威型** 特点:坚定、制定清晰、一致的规则和限制。 与孩子的关系:尽管相对严格,但他们深深爱着孩子,并给予情感支持、鼓励孩子独立。他们试图给孩子讲道理,向孩子解释为什么应该按照特定的方式行为,并与孩子交流施加惩罚的道理。	**放任型** 特点:不严格且不一致的管教。 与孩子的关系:他们几乎很少对孩子提出要求,且并不认为自己对孩子行为结果负有很大的责任。他们对孩子的行为几乎不施加什么限制或控制。
	低回应性	**专制型** 特点:控制、惩罚、严格、冷漠。 与孩子的关系:他们的话语就是法律,崇尚严格、无条件服从,不能容忍孩子表达不同意见。	**忽视型** 特点:表现出漠不关心、拒绝等行为。 与孩子的关系:他们在感情层面疏离,视自己的角色仅仅为喂养、穿衣及为孩子提供庇护的场所。在最为极端的形式下,这种教养方式会造成忽视——儿童虐待的一种形式。

第三单元 学前期常见的发展问题及应对

一、意外与安全

学前期儿童面临的最大危险既不是疾病也不是营养问题,而是意外事件:在美国,10岁以下儿童因意外伤害致死的可能性是疾病的两倍。学前期受伤的危险在一定程度上是由于儿童身体活动量大、具有强烈的好奇心,但与此同时他们缺乏判断能力。安全的环境、良好的预防措施和严密的看护是预防意外伤害的重要方法。

另外，环境中也存在长期、隐性的危险因素，如铅中毒。油漆、汽油、被污染的空气等都是铅的重要来源。即使极少量的铅摄入也会对儿童造成永久性的伤害，如智力低下、语言和听力问题、亢奋和注意力无法集中、反社会行为等。

二、如厕训练

根据弗洛伊德的性心理发展观，对3岁左右的儿童来说，如厕训练是一项重要的发展任务。其实如厕训练对父母来说也是一件大事，因为这件事情通常引发双方的焦虑情绪甚至是战争。第一个摆在面前的难题就是：什么时候开始如厕训练。在这个问题上，心理学专家也持有不同的意见。如著名的美国儿科医生贝里·布雷泽尔顿主张灵活的如厕训练方法，提倡在儿童表现出已做好准备的迹象后再进行。而心理学家约翰·罗斯蒙德却赞成如厕训练应尽早尽快完成。事实上在过去的几十年当中，美国儿童进行如厕训练的年龄有所提高，例如在1957年，92%的儿童在18个月大的时候就接受了训练，而1999年仅有25%的儿童在这一年龄接受如厕训练。

尽管存在着东西方文化差异，但尊重孩子的生理和心理发展规律是适用于全世界的真理。在如厕训练前，儿童不仅要做好身体方面的准备，而且还要做好心理上的准备。1岁以下的孩子没有膀胱或直肠的控制力，18个月可以具备初步的控制力，一些18~24个月大的儿童已经表现出做好如厕训练的迹象，有些儿童则要到30个月或更大的时候才能做好准备。甚至在接受了白天的如厕训练后，儿童还经常需要几个月或几年的时间才能在夜里控制排泄。四分之三左右的男孩和大多数女孩在5岁后才不尿床。

三、入园适应

大部分儿童在开始上幼儿园时会出现"入园焦虑"，表现为不愿意去幼儿园、情绪焦虑、拒食，甚至发生退行——原本已经可以控制排尿但又开始尿裤子。入园焦虑主要是由于分离焦虑引起的。分离焦虑通常从第7个月或第8个月开始，当熟悉的照料者离开时，婴儿会表现出紧张情绪，这种情绪大约在第14个月时达到顶峰，然后逐渐降低。这种情绪的出现同样源于婴儿的认知发展，此时他们的头脑里会出现一些合理的问题，如"我的妈妈去哪里了""她会回来么"。但这些问题的答案可能因为他们太小而无法理解。分离焦虑同样代表了婴儿重大的社会性进步，它反映了婴儿的认知发展及婴儿和照料者之间不断成长的情感和社会联系。

其他与入园适应相关的因素还有：生活环境和内容的骤变、对自理能力的要求提高、需要遵从一定的约束和规范、父母的焦虑和担忧传递给孩子等。

从发展心理学的视角来看，3岁左右的孩子已经具备了客体恒常性——即客体（如妈妈、主要照料者）的离开并不代表永远消失，这是孩子能够离开家庭、进入幼儿园的重要前提条件。此时的家长首先应充分了解入园焦虑并有所准备，家长要对孩子的适应能力有信心，控制好自己的焦虑情绪，避免因为自己的焦虑而对孩子产生不良的影响。还有就是不要恐吓或者威胁孩子，让他们对幼儿园产生恐惧和排斥的心理，认为上幼儿园是一种惩罚手段。在帮助孩子适应幼儿园生活方面有一些技巧：

（1）采取温柔坚定的态度：接纳孩子的焦虑情绪要，给予安抚，但在条件允许的情况下坚持送园。

（2）高质量的陪伴：增强情感联结，抵御分离焦虑。

（3）鼓励进步、正向强化：每天从孩子的表现中发现闪光点，不断给予鼓励，增强孩子的信心；多和孩子聊聊幼儿园里面开心的事情，建立对幼儿园的正向情感连接。

四、家庭教育

从弗洛伊德提出的性心理发展视角来看，3～6岁儿童的主要心理发展任务为与异性家长竞争及认同同性家长。在一个理想的家庭中，父亲和母亲与孩子的关系同等重要。然而在家庭教育中，有些家庭会这样分工：一方唱"黑脸"、另一方唱"白脸"，但这种分工值得商榷。有些父母确实对孩子的要求不一致，在教育孩子时常常出现矛盾；有些父母是为了"打配合"，即教育的目标是一致的，但各自分工不同。这两种方式对孩子都有一定的影响。

前一种方式可能有以下几种形式：一方"管"、一方"护"，当着孩子的面争执；一方管得过严、另一方不断"补偿"；一方撒手不管、推卸责任，还不断挑剔和指责对方等。诚然，父母是来自两个不同家庭的独立个体，可能在教育孩子的问题上无法完全统一，但父母截然相反的教育理念会给孩子带来困惑；而且父母之间的对立需要有一个裁判来裁定对错，孩子很容易进入这个角色，并经常陷入要"支持一方、否定另一方"的局面。这样的经历会对孩子的心理产生不良影响。

后一种方式对孩子同样会产生不良的影响——角色固化。试想如果在一个家庭里，妈妈是温柔包容的角色、爸爸是威严惩罚的角色，那么很可能会给孩子留下刻板的印象——女性必须是温柔包容的，男性必须是严厉惩罚的。而无论是男性还是女性，完整的性格特质里都应该有温柔和严厉的部分。也正如最好的父母类型——权威型父母所描述的那样，父母应该既可以给予孩子充分的情感回应，又可以对他们进行合理、清晰地管理。

避免形成所谓的"真假"黑白脸，也不该发展到另一个极端——伪和谐。心理学家曾经研究过婚姻冲突对孩子的影响，发现并不是所有的冲突都会对孩子的心理造成不利影响。当冲突不是那么剧烈、不可调和，而且当父母通过协商、妥协解决冲突后，对孩子的心理发展可能还有建设性的意义。这类冲突被定义为建设性冲突，而且这类冲突的主题往往不涉及孩子。

五、攻击性行为

学前期儿童的攻击行为是相当普遍的，如潜在的言语攻击、互相推搡，甚至拳打脚踢等形式。在早期，某些攻击行为是为了达到某个特定的目的，如抢走玩具，这种行为从某种角度来说是"不那么恶意的"，几乎所有这个年龄阶段的孩子都经历过。随着儿童的人格和社会性发展，攻击行为会相应减少，最重要的是因为他们逐渐发展出共情能力（换位思考）以及情绪调节的能力有所增强（对付诸如玩具被抢走后的消极情绪）。但有些孩子会一直具有比较强的攻击性。

什么因素与攻击性有关呢？一些心理学家认为攻击性行为是一种本能，是人类固有的一部分。行为学家认为当孩子的攻击性不断得到强化——如他们通过攻击性行为能够达到独占最喜欢的玩具的目的，那么日后他们将更可能表现出攻击性行为。还有一个不容忽视的因素就是观察模仿，大量的研究结果证实，观看电视暴力的确会导致攻击行为增多。纵向研究结果显示，偏好暴力电视节目的8岁儿童与他们到30岁时犯罪行为的严重程度有关。如何减少学前期儿童的攻击性行为？不妨试试如下的建议：

（1）为学龄前儿童提供合作的、帮助的、亲社会的方式观察他人行为的机会：鼓励他们参与同伴的合作活动，帮助他们理解与人合作、帮助他人的重要性和可取性。

（2）不要忽略攻击行为：发现时应及时制止，并明确告知攻击是不可接受的解决冲突的方法。

（3）帮助学龄前儿童对他人的行为做出其他解释：这对于具有攻击性、并倾向于把别人的行为看得比实际情况更具有敌意的儿童尤为重要。家长和老师应该帮助他们意识到同伴的行为可能会有攻击性以外的解释。

（4）帮助学龄前期儿童了解自己的感受：让他们了解自己的感受，并学会用更为建设性的方式来处理自己的情感，如"我知道你因为小明不给你玩具而非常生气，你可以告诉他你也想玩那个玩具，而不是打他"。

（5）教会他们换位和推理："如果你推了小明，他会非常生气并且不想和你做小朋友了，如果你是小明，你会喜欢这样么？"

第三节 学龄期的发展

第一单元 学龄期的生理和认知发展

一、身体和运动的发展

学龄期儿童的身体发展相对缓慢,儿童在小学期间平均每年增长5~7.6厘米,体重大概增加2.27~3.18千克,此时"婴儿肥"的圆润外表逐渐消失,儿童变得更加强壮。

在学龄期,儿童掌握了许多粗大运动技能,如骑车、滑冰、游泳和跳绳。在精细运动技能方面,6岁和7岁的儿童能够系鞋带和扣扣子,11~12岁时他们操控物体的能力几乎达到了成人的水平。

二、智力的发展

在7岁左右,儿童进入到了具体运算阶段,皮亚杰认为这个年龄阶段的孩子开始可以恰当地使用逻辑来解决具体的问题。表3-9列出了具体运算阶段的认知特点。

表3-9 具体运算阶段的认知能力(7~12岁)

认知能力	描述
空间思维	运用地图或者模型帮助自己寻找隐藏的物体。
原因和结果	了解物体的不同属性会对物体产生不同的影响,但还不了解位置和布局等因素对物体的作用。
分类	可以按照物体的属性进行分类,如形状、颜色等。
排序	根据一定的规律对物体进行排序,如从小到大,可以把物体放入合适的空位置上。
归纳和演绎推理	可以进行归纳和演绎推理,并了解归纳的结论不如演绎的结论可靠。
守恒	了解从一个容器倒入另一个形状不同的容器中的液体总量是不变的。

但现在的许多研究证明,皮亚杰低估了儿童的能力,有些儿童在7岁前就表现出具体运算阶段思维的模式。

三、学校教育

对这个年龄阶段的儿童来说,正式进入学校开始接受教育是发展过程中的重要里程碑。哪些因素会影响孩子在学校里的表现呢？大致有以下几个方面。

儿童的自我效能感和成就动机是非常重要的因素。与自我效能感不足的儿童相比，自我效能感高的儿童会在学习中投入更多并且收获更多。

家长的教养方式也是重要的因素。如何能够促进孩子的学习动机呢？一些家长采用外部动机的方式——奖励和惩罚机制，另一些家长采取内部动机的方式——运用鼓励等方式强化孩子完成困难任务的勇气和努力。实践证明内部动机的方式更为有效。家庭的社会经济地位是另外一个重要的影响因素，或者不是这种因素本身，而是该因素对家庭氛围、居住环境、选择学校的质量以及父母养育孩子的方式等方面的影响起到了重要的作用。

自我实现预言因素则强调了老师的重要性。老师对孩子的高期待显著地影响了孩子的成就动机、目标和兴趣。

第二单元　学龄期的社会性和人格发展

一、自我的发展

大致到了7岁或8岁，儿童的认知能力已经发展到可以建立自我表征系统的阶段：广泛的、兼容的、包含不同方面的自我概念。包括学业自我概念（"我的数学很好但是语文很差"）、社会自我概念（"人们都喜欢我"）、情绪自我概念（"我很讨厌别人命令我做什么"）和身体自我概念（"我长得还不错""我的篮球打得好"）。

根据埃里克森的心理社会发展理论，学龄期儿童的主要心理发展任务是：勤奋对自卑。这主要包括儿童对自己的能力及所取得的成就的看法。成功度过的儿童会获得逐渐增长的能力感；如果在这一阶段存在发展困难，那么儿童就会有一种失败感和自卑感，随后可能在学业和同伴交往中退缩，表现出较低的兴趣和求胜动机。

二、友谊

根据发展心理学家威廉·达蒙的观点，儿童对友谊的看法经历了三个不同的阶段。第一个阶段为：基于他人行为的友谊。这个阶段大概在4～7岁，此时儿童会把和自己相似（分享玩具、一起玩）的人当作朋友。第二个阶段为：基于信任的友谊。这一阶段大概从8岁持续到10岁，此时的儿童会考虑他人的个人特点、特质，在需要时能帮上忙的人会被当作朋友。第三个阶段为：基于心理亲密的友谊。这一阶段大概从11岁持续到15岁，儿童通过相互倾诉分享各自的想法和感受建立友谊，这一时期的友谊有些排外。

三、家庭环境的影响

此阶段儿童和父母面临的一个重要挑战是儿童不断增长的独立性，这也是学龄期儿童行为的重要特征。在这个阶段，儿童慢慢从之前"由父母管理"过渡到"与父母共同管理"，即共同约束阶段。儿童和父母待在一起的时间明显减少，但是父母仍然是儿童生活中的重要角色，儿童需要父母提供基本的帮助、建议和指导。

第三单元 学龄期常见的发展问题及应对

一、肥胖

肥胖是指一个人的体重比其所处的年龄和身高范围的平均体重水平高出20%，根据这个定义，目前国内达到肥胖水平的儿童逐年增多。如上海的儿童肥胖率在1986年仅为0.42%，1996年增长到2.6%，2006年上升到3.6%。儿童期肥胖导致的问题会持续一生，肥胖儿童成年以后更可能超重，患心脏病、糖尿病、癌症和其他疾病的风险更大。

除了饮食以外，导致肥胖的原因还有遗传和社会因素的共同作用，如特定的遗传基因与肥胖有关，那些过分关注和控制孩子饮食的父母可能会造成儿童缺乏一些调节食物摄入量的控制力。其他的因素还包括不合理的饮食结构，如摄入过多的油腻食物和甜食，以及缺乏足够的体育锻炼。

针对儿童肥胖问题最好的建议就是合理的饮食结构和适当的体育锻炼。

二、学校恐惧症

学校恐惧症是一种情绪问题，往往是由于某种压力所导致，小学低年级儿童较多见。从心理学角度来看学校恐惧症是分离焦虑（与婴儿期的分离焦虑是不同的）的一种类型，表现为儿童有至少四周的时间因害怕离家或与家人分离而产生过度焦虑的情绪。有的儿童还会出现头痛、肚子疼、恶心、呕吐等躯体化症状。大概有4%的儿童出现过学校恐惧症的症状，这些儿童往往来自过度保护的家庭，出现学校恐惧症表现的刺激因素包括宠物去世、生病或是转学等。有些孩子还会发展成慢性的抑郁状态，如悲伤、退缩、情感冷淡或是注意力难以集中等。

有学校恐惧症问题的儿童往往是成绩中等及偏上的学生，他们往往有些胆小、难以离家，而他们的父母常常是固执、对孩子要求较高。学校恐惧症也可能是社交恐惧症的一种形式，极度的害怕和回避社交情境迫使孩子逃离学校。有些孩子可能还合并患有广泛性焦虑障碍和强迫症。

针对学校恐惧症的干预应包括以下几点：

（1）辨别孩子出现的焦虑症状是否有现实因素。有些孩子不愿意或害怕上学是有现实原因的，如令他们感到害怕的老师、在学校被欺负等，在这些情况下首先应该解决现实层面的问题。

（2）家长需要改变教育策略。如家长比较严厉、对孩子的成绩抱有不合理的高预期等，此时家长应给予孩子充分的理解和关爱，理解孩子的痛苦和困难，建立支持性的家庭氛围，帮助孩子慢慢树立信心。

（3）早期及时干预。在专业人士的指导下进行系统脱敏，让孩子逐步适应校园生活。在这个过程中还需要及时给予正强化，不断鼓励孩子的进步，使其减少焦虑，重树信心。

三、注意缺陷/多动障碍

活泼好动是学龄期儿童的特点，有些家长看到自己的孩子非常好动不禁会担心：我的孩子是不是有多动症？注意缺陷或多动障碍（attention-deficit/hyperactivity disorder，ADHD）的特征是不能集中注意力、冲动、难以忍受挫折，以及日常表现出大量不合适的行为。最常见的一些症状包括：

（1）在完成任务、遵照指令和组织工作方面存在困难。

（2）不能观看一个完整的电视节目。

（3）频繁地打断别人、说话过多。

（4）往往在听完所有指令前就开始某些任务。

（5）很难等待或保持就座。

（6）坐立不安，扭来扭去。

在美国，估计18岁以下的青少年中有3%～7%的人患有这种障碍，在我国还没有明确的统计数字。由于没有简单的测量工具可以评定一个儿童是否患有注意缺陷或多动障碍，因此只有训练有素的临床医生在对孩子进行全面评估以及对家长进行访谈之后才可以做出诊断。

ADHD的病因尚不清楚，有些研究结果认为它与神经发育延迟有关，如ADHD儿童大脑皮层的增厚比正常儿童推迟了3年。目前针对ADHD的治疗包括药物治疗、行为治疗和饮食治疗。活泼好动的儿童与ADHD儿童是有区别的，主要的鉴别点如下：

（1）正常儿童的多动是由于外界无关刺激过多，但在某些环境和条件下能够有效地自我约束和控制；ADHD 儿童的多动症状难以自我控制。

（2）正常儿童的动作往往有始有终；ADHD 儿童的动作行为则是杂乱无章、有始无终。

（3）正常儿童的有意注意和无意注意处于相对平衡状态；ADHD 儿童则是主动注意力的不足和被动注意力的相对亢进。

（4）正常儿童的多动一般能得到有效控制，不会或很少发生情感和行为异常；ADHD 儿童往往有退缩、回避、幻想和孤独等情感行为异常，半数以上有学习困难问题。

正常儿童的好动是符合发展规律的，随着年龄的增长注意力维持时间会延长。还有一部分孩子的过度活动可能与心理因素有关，如有些孩子觉得自己被排斥或者被忽视，于是利用"多动"来吸引注意力；或者孩子利用"多动"来反抗被"管教"（"越不让我动，我偏动"）。孩子的行为是他们思想与情感的外在表现，解决症状的关键在于通过行为了解他们的内心世界，通过调整他们的内心状态来改变外在的行为。

四、特殊家庭里的孩子

近年来我国离婚率呈逐年递增的态势，随着这一数字的不断攀升，受离婚影响，生活在单亲家庭中的孩子越来越多。儿童对父母离婚有怎样的反应？这取决于离婚时儿童的年龄以及父母离婚的时间长短。如果父母刚刚离婚，儿童的反应会比较强烈，大概持续 6 个月到 2 年之久，儿童可能会出现焦虑、抑郁、睡眠不好等状况。如果父母离婚时儿童处于学龄期的早期阶段，他们往往会把父母离婚的原因归因于自己。但离婚的长期影响至今仍然不完全清晰。一些研究证明，离婚 18 个月到 2 年后，大多数儿童开始恢复到父母离婚前的心理适应状态，有些儿童所受到的长期影响很小。但同时也有另一些研究发现，与来自完整家庭的儿童相比，来自离婚家庭的儿童出现心理行为异常的比例要高。

此外还有一些因素对儿童的适应有影响，如果离婚造成家庭的经济生活水平下降，那么儿童面临的挑战会更大一些。如果离婚会减少家庭中的敌意和愤怒，那么离婚后冲突的减少反而会对儿童有益。

父母离婚构成了家庭生命周期中另外的发展变化阶段，有研究者提出了离婚家庭会经历的一些阶段：

（1）决定离婚，通常一位家庭成员先提出。

（2）家庭系统被告知即将到来的离婚。

（3）现实的分离。

(4)家庭系统重组。

(5)家庭系统逐渐稳定,形成一个新系统。

大部分研究表明,经历这些阶段需要2~3年的时间,成功离异后的家庭是这样的,对于单亲家庭来说:

(1)维持与前配偶之间作为父母的交往。

(2)支持孩子与前配偶以及他或她的新家庭的交往。

(3)重建自己的社会网络。

对于离婚后没有得到监护权的父母来说:

(1)维持作为父母角色的交往,支持有监护权父母与孩子的交往。

(2)与孩子建立有效的教养关系。

(3)重建自己的社会网络。

研究发现,大约只有半数的离异家庭能够进行合作,共同抚养孩子,另一半离异的父母继续跟前配偶因孩子而争吵,或者忽视他们继续存在的问题。这些消极经历对孩子的情感会产生负面的影响。

单亲家庭面临一个很大的问题就是成年男性或者成年女性形象的缺失。对于留在单亲家庭中的父母而言,很容易传递给孩子离开的那方的负面信息。举例而言,一个男孩如果认为父亲是"坏的",那么他很难相信男性是好的,也很难相信自己是好的。而且当男孩被母亲过分地照顾并且(或者)形成了女性是社会主宰的印象时,他们会感到为母亲做些什么很困难,而这会使他无法发展出自己独立的生活。一个女孩如果认为父亲是"坏的",那么她可能会对女性形成歪曲的认识——要么一无是处,要么无所不能,长大之后可能很难正常与男性相处。

这些可能出现的问题并非无法解决,这需要单亲的父母对异性有着健康、接受的态度,并足够成熟到不会传递给孩子关于异性的负面、刻板的信息。还需要单亲的父母愿意创造和鼓励自己的孩子与认识并认可的成年男性或女性之间建立良好的关系。

当家庭发生重组的时候,为了做好自己身为父母的工作,再婚的成人必须调整自己的教养方式,以适应新的父母的加入。在离婚过程中,孩子通常只是情愿或者不情愿的跟随者,他们必须被允许为自己原来的父母留有位置,并且得到帮助去寻找一种方式以便让新的父母能够加入。这个过程需要时间和耐心。无论孩子多么善良可爱,无论继父或继母多么美好,在最初的阶段,在孩子心目中他们都是"陌生人"或是"闯入者"。继父母要提供足够的机会让孩子知道,自己并不是要完全取代原生父母那个位置,并给孩子留出时间和空间让信赖和爱去生长。

第四节　青春期的发展

第一单元　青春期的生理和认知发展

一、身体的成熟

青春期是第二个生理快速发展期，女孩的快速发展期开始于10岁左右，男孩一般开始于12岁左右，一名青少年可能在几个月里就长高很多。青春期也是性器官开始成熟的时期，女孩一般从11岁或12岁开始，男孩一般从13岁或14岁才开始。

青春期的变化不仅只发生在身体层面，更为重要的是心理层面的变化，青少年能很好地意识到身体所发生的变化，他们会害怕或者很喜欢这种变化。由于身体的快速增长，有些青少年对身体比例的变化（如四肢快速增长，身体在某个时期看上去并不怎么匀称）感到不适应甚至是尴尬，有些个例甚至会患上体像障碍或者进食障碍。

二、认知发展

皮亚杰认为青少年进入到了相对高级的认知活动阶段——形式运算阶段，在这个阶段青少年可以运用抽象思维来解决问题，这个阶段通常从11岁开始。不断增加的抽象思维能力可能导致青少年更加理想主义，也会导致他们对父母、老师等权威产生更多的质疑，同时也会让他们变得更爱争辩。

在心理学家戴维·艾尔坎德看来，青少年的思维存在一些不太成熟的特性，如表3-10所示。

表3-10　青少年思维的不成熟特性

不成熟特性	描述
理想主义和批判性	变得更为理想主义，因此对现实更为挑剔，会对权威（父母、老师等）及学校和社会的缺点感到不满。
好争辩	不断地寻找机会去锻炼抽象思维能力，因此变得好争辩。
优柔寡断	由于缺乏有效的选择策略而显得有些优柔寡断，比如在选择穿什么衣服的时候感到左右为难。
自我中心	一种自我热衷的状态，认为全世界都在注意自己。

(续)

不成熟特性	描述
个人神话	认为自己的经历是独一无二的,没人能理解自己的感受;认为对他人构成威胁的事情不会发生在自己身上。

第二单元 青春期的社会性和人格发展

一、自我同一性的发展

心理学家埃里克森认为青少年的心理发展任务是解决认同危机,即同一性对同一性混乱阶段。这个时期的青少年努力发现他们独特的优点和缺点,以及他们在未来生活中能扮演得最好的角色。这种发现过程常常包括"尝试"不同的角色或选择,以及考察这些角色和选择是否符合自己的能力和观点。顺利度过这个时期的青少年了解并相信自己独特的能力,能够发展出"我是谁"的准确感知。在发展过程中受到阻碍的青少年对自我的感觉变得"分散",无法组织起一个集中、统一的自我同一性,或者在形成和维持长期亲密关系上有困难。

心理学家詹姆斯·玛西亚认为可以根据两种特性——危机和承诺来看待青少年的同一性发展,提出了四种青少年的同一性类型。

表 3-11 四种同一性类型

		承诺	
		存在	缺失
危机/探索	存在	同一性获得 "我爱动物,我要成为一名兽医"	同一性延缓 "我准备先去打工,同时想想下一步做什么"
	缺失	过早认同 "我要像妈妈那样成为医生"	同一性扩散 "我对做什么完全没有头绪"

二、社会关系的变化——从家庭到同伴

在很多家长眼里,青春期是一个"可怕"的时期,青少年似乎突然间改变了很多,家长明显感觉到与他们相处变得困难重重:一方面,孩子似乎试图把家长从他们的世界里排除出去;另一方面,他们总是对家长进行"挑剔"和"批判"。这些变化和冲突

恰恰代表着孩子的成长，青少年越来越多地寻求自主，即独立性和对生活的掌控感。在正常的情况下，青少年自主性的增加改变了父母和青少年之间的关系，在青春期开始之际，亲子关系是不对称的，父母拥有大多数权力和对关系的影响力；到了青春期末期，权力和影响力变得更为平衡，父母和孩子最终形成更为对称或平等的关系。

与此同时，同伴在青春期扮演着越来越重要的角色，青少年花越来越多的时间与同伴待在一起，同伴关系的重要性随之增加。同伴群体可以为青少年提供机会来比较和评价自己的意见、能力甚至生理变化，而父母是无法提供社会比较的。

第三单元　青春期常见的发展问题及应对

一、爱冒险

随着大脑和认知功能的发展，进入青春期的孩子会出现一些变化。在青春期有一个显著发展的脑区——前额叶。前额叶是与人们进行思考、评价和做出复杂决策相关的脑区。它也是青春期能够实现越来越复杂智力过程的基础。同时前额叶也是负责冲动控制的脑区，发育完善的前额叶可以帮助个体很好地抑制由愤怒或狂暴等情绪衍生出来的不理智行为。但是前额叶一般在21~22岁左右才能完全发育成熟，因此有些青少年在青春期会做出一些危险和冲动的行为。

青少年具有一个认知特点——自我中心主义，这是一种自我热衷的状态，他们对权威（如父母、教师）充满了批判精神，不愿意接受批评；自我中心还会导致另一种思维的扭曲——个人神话，即他们觉得自己的经历是独一无二的，别人都不会经历，而且还可能使他们对现实存在的风险感到无所畏惧，并过高地估计自己的能力。如他们会认为自己的驾驶技术非常厉害，即使酒后开车也不会有危险。家长在应对孩子的上述问题时应考虑到如下因素：

（1）管教的前提是良好的亲子关系。此时的青少年对家长比较排斥，为此很多家长感到束手无策。远离父母恰恰是青少年建立自我、发展同一性的心理需求所致，因此家长不必过分忧虑。在此阶段，采用家长身份压制或者说教的管教方式最容易激发青少年的反抗与叛逆，而尊重和信任的态度是建立有效沟通机制的先决条件。在试图"教育"青少年前，需要先与他们建立尊重和信任的亲子关系。

（2）适度放权与适度管理相结合，做到权力的平稳过渡。此时对于青少年的管理应适度放一些权，多给他们一些自主权。但在一些关键和涉及安全的问题上家长不能妥协。

二、抑郁及自杀

任何人都会有伤心和情绪不佳的时候,当丧失亲人、一段关系破裂(失恋)、重要任务没有完成(如中考、高考失利)等,所有这些都可能让青少年产生伤心、失落和悲伤的情感体验。在美国,有超过四分之一的青少年报告他们曾经出现过连续两周或更长时间感到悲伤或绝望,以致干扰了正常的生活。三分之二的青少年在某个时候体验过低落或是丧失兴趣,但真正符合抑郁症诊断的约占3%。虽然我国尚未有确切的数据统计,但体验过抑郁情绪,甚至符合抑郁症诊断的青少年逐年增多。

抑郁症的发病因素包括:遗传、显著变化的生活环境、家庭和社会因素等。而且青春期的女孩更容易出现抑郁情绪,这可能与应对方式有关。女孩更倾向于把压力转向自身,由此产生无助和绝望感;而男孩会更多地通过外化的方法,如变得更为冲动或更具有攻击性,以及用烟草或酒精来释放压力。

抑郁症最为严重的后果之一就是自杀,当有抑郁情绪的青少年出现如下迹象,则提示可能存在自杀风险:

(1) 直接或者间接地与他人讨论自杀:"我要是死了就好了"或者"我不会再让你担心我了"。

(2) 做好安排,仿佛要远行:把自己心爱的东西送给别人。

(3) 写遗嘱。

(4) 情绪或行为出现明显的变化:如原本很痛苦突然变得解脱了,或是原本很退缩,突然过分活跃起来。

(5) 沉浸于关于死亡主题的音乐、艺术或文学中。

如果发现青少年具有抑郁倾向甚至是自杀的风险,求助于专业的精神科医生是最为明智的选择。

三、同伴压力

进入青春期后,青少年的父母立刻会感觉到"自己似乎不再那么重要",而与此同时,青少年变得越来越信任和依恋同龄人。比如在挑选衣服的时候,父母总会抱怨孩子失去审美能力,并屈服于同伴的压力进行选择。这样的变化不仅会让父母感到焦虑,也往往是引发亲子冲突的导火索。同伴压力对青少年的影响到底有多大,这需要依据具体情况而定。在某些情况下,青少年非常容易受同伴的影响,如穿什么样的衣服、听什么音乐以及选择什么人做朋友等,这些方面的选择有时是加入某一团体所必需的选项。而在另一些方面,如选择职业道路等问题上他们更倾向于寻求有经验的成年人的帮助。

对同伴压力的易感性增强根源于青少年顺应对象的变化。儿童期孩子顺应的对象是父母，而到了青春期，他们的顺应对象变成了同伴群体。这是因为青少年在此时期刻意与父母拉开距离——这源自于他们寻求独立、建立同一性的需要，在父母重要性相对降低的同时，同伴群体的重要性相对提升。但随着青少年发展出越来越强的自主性，他们对同伴和成年人的顺应会越来越少，而更倾向于保持独立，并能够拒绝来自父母和同伴的压力，这一般出现在青春期的中后期。

对一些青少年而言，考虑自己在小团体内是否受欢迎可能成为他们生活的核心，尤其是在青春期的早期。在团体内的青少年一般有四种类型：受欢迎、有争议、被拒绝和被忽略。受欢迎和有争议（被一些人喜欢的同时被另一些讨厌）的青少年总体上在团体内的位置较高，拥有更多亲密的朋友，参与活动更积极，更少感到孤独。被拒绝（不被他人喜欢）和被忽视（既不被他人喜欢、也不被他人讨厌）的青少年的朋友较少，不怎么参与社会生活，因为感觉不受欢迎而时常感到孤独。

四、网络成瘾

随着科技的发展，网络在人们的生活中扮演越来越重要的角色，在美国，年轻人平均每天花在网络上的时间为6.5小时，此外大约有四分之一的时间使用一种以上的上网工具，因此他们实际上使用网络的时间更长。然而，互联网在给青少年带来益处的同时也造成了一些困扰。2005年中国青少年网络协会发布的《中国青少年网瘾数据报告》显示，我国网络成瘾青少年约占青少年网民的13.2%；在非网瘾群体中约13%的青少年有网瘾倾向。这说明，青少年网络成瘾已成为全社会不得不关注的问题。

网络成瘾是一种无成瘾物质作用下的上网行为冲动失控，表现为由于过度使用互联网而导致个体明显的心理、社会功能损害，包括：

（1）人格异化。"人机对话"的交流方式长期下去会导致"现实"与"虚拟"自我的冲突和混淆，造成角色混乱，易将网络中的规则带到现实生活中。特别是当青少年在现实生活中与人交往受挫时，易转向虚拟的网络寻求慰藉，消极逃避现实。

（2）道德水平降低。在虚拟空间，青少年网络成瘾者由于不必与他人面对面地打交道，从而缺少教师、家长等长辈对其行为的监督，容易放松自律，在网络游戏中放纵自己。

（3）学习障碍。如注意力不集中、学习效率低、厌学、逃课等。

（4）情绪障碍和情感淡漠。青少年网络成瘾者的情绪变得非常敏感，情绪易失控，或对他人漠不关心，与人交流减少，出现自我封闭、缄默。

（5）健康损害。因为上网，日常的生活规律完全被打破，导致身体机能下降，容易生病。

网络成瘾的原因是多样的，可能与家庭环境和不良的个性心理特点有关。过度地使用网络可以被理解为一种逃离现实世界的方式，当个体对家庭、父母、学业、人际关系等方面感到不满或者失望，但又无力解决时，更容易沉溺于网络之中。

治疗网瘾需要从青少年所处的环境入手，通过改善小环境、帮助青少年更适应现实环境来应对网络成瘾。

改变家庭环境，重建亲子关系。家长需要改变以往溺爱或粗暴的教育方式，注重以平等、尊重、鼓励的方式与孩子交流，改善亲子关系；组织由家庭成员共同参加的活动，尊重孩子的想法，令其体验付出的价值、参与的乐趣；对孩子的进步表示赞赏，对其错误指明缘由，并说明父母"只是不喜欢你做的这件事，不是不爱你这个人"，避免孩子误会父母的态度是针对他的人格，而造成对孩子的伤害；多陪同孩子上网，了解孩子浏览网页的内容，获悉孩子的兴趣爱好，鼓励孩子登录健康网站。

同时，家长要帮助孩子适应学习和人际关系，引导合理分配学习、上网与休息的时间，控制合理的上网时间。

第五节 青年期的发展

第一单元 青年期的生理和认知发展

一、身体的变化和认知的发展

身体的发展和成熟在青年期就完成了，大部分人在这个时期处于体能的巅峰期。尽管随着年龄增长自然的衰老也已经开始，但老化的迹象通常要到生命的晚期才真正显现。

尽管身体健康受到基因的重要影响，但是生活方式对身体健康同样具有重要的作用，如饮食习惯、睡眠是否充足、是否进行体育锻炼、吸烟、饮酒等。

二、大学适应

进入大学、接受高等教育是这个年龄阶段非常重要的一个议题。尽管随着高等教育的快速发展，大学教育已经从精英教育向平民教育转变，但能够上大学似乎仍然可以称得上是一件"喜事"。但当很多大学新生步入大学以后会发现，现实的大学生活和理想的大学生活有很大的差别。不少刚进入大学的年轻人或多或少会体验到沮丧、孤单或是焦虑，尤其是那些第一次远离亲人、开始集体生活的人，他们会在大学第一年经历一段调适时期。第一年调适反应是指一系列与大学体验相关的心理症状，包括孤独、焦虑和抑郁。一年级的新生或多或少都会体验到一个或多个上述症状，有研究表明那些在高中阶段取得过巨大成功的学生出现心理症状的比例更高，可能是因为他们需要在大学里重新寻找自己的位置，而这个过程会让他们感到痛苦。大部分学生的症状随着对大学生活逐渐适应而慢慢消失，而有些学生的问题会遗留下来，还可能激化，甚至导致更为严重的心理问题。

第二单元　青年期的社会性和人格发展

一、亲密关系

埃里克森认为，青年期个体的心理发展任务为：亲密对疏离阶段。这里的"亲密"由几个成分组成，第一个成分是"无私"的程度，是指牺牲自己的需要，以满足对方的需要。第二个成分包含了"性"，在这一过程中处于亲密关系中的双方共同获得满足，而不是只考虑自己的满足。第三个成分是更深入的情感投入，其标志是将自己的自我同一性融入伴侣的自我概念中所做出的努力。产生和维持亲密关系需要一定技巧，如自我觉察、共情能力、交流情感的能力、冲突解决能力以及承担责任的能力等。

心理学家斯滕伯格提出了爱情三元论，这三个要素分别是：亲密、激情和承诺。亲密是爱情的情感成分，包括亲近性、情感性和连通性。激情是爱情的动机成分，包括与性有关的驱力、身体亲近性和浪漫性。承诺是爱情的认知成分，包括爱上一个人的最初认知和长期维护这份爱的决心。不同成分组合在一起可以组成不同类型的爱，三个成分都存在的爱就是完美之爱。

二、职业生涯

青年期个体的另一个重要发展议题就是选择并开始职业生涯。根据艾利·金斯伯格的理论，人们在选择职业的过程中往往经历一系列典型阶段。第一个阶段是幻想阶段，这一阶段持续到11岁左右。在这个阶段人们对职业的选择不考虑技术、能力或工作机会的可获得性，而仅仅考虑这份职业是否有意思。第二阶段是尝试阶段，这一阶段涵盖整个青春期。在这个阶段人们开始考虑一些实际情况，务实地考虑职业要求以及是否符合自己的能力和兴趣。同样他们也会考虑到自身价值和目标，以及某一职业所能带来的工作满意度。第三阶段是现实阶段，开始于成年早期。在这个阶段，成年早期个体根据自己的实践经验或职业培训，明确自己的职业选择，并通过不断学习和了解逐渐缩小职业选择范围，并最终做出选择。

第三单元　青年期常见的发展问题及应对

一、经营婚姻

步入青年期，大部分人开始拥有稳定的亲密关系并准备步入婚姻殿堂，拥有美好的婚姻关系被90%以上的成年人认为是美好生活的必备因素之一。拥有美好婚姻关系的夫妇表现出一定的特征：他们彼此表达爱意，较少进行负面交谈。他们往往是相互依存的夫妻，拥有相似的兴趣爱好，对各自的角色分工（由谁做家务、由谁来照顾孩子）达成共识。

然而夫妻之间发生冲突是常有的事，统计资料表明，将近一半的新婚夫妻都经历过一定程度的冲突。主要原因是新婚夫妻通常最开始将对方理想化，但随着双方日复一日的共同生活和深入互动后，逐渐发现对方身上的缺点。夫妻双方对婚后10年婚姻质量的知觉大多数是最初几年感觉婚姻质量下降，随后几年趋于稳定，接着再继续下降。婚姻冲突有许多原因，一个主要的原因是夫妻无法完成角色的转变——从孩子到成人的角色转变。心理学家发现，维持和提升亲密关系的相关因素有如下几点：

（1）保持忠诚。忠诚有多种表现，如在认知层面上，伴侣之间互相依赖，认为彼此是唯一，并对替代选择保持无视；在行为层面上，愿意为对方牺牲，在对方情绪激动时保持顺应（克制与忍耐）等。

（2）保持满足。提高满足感的方式有，伴侣间可以公平地分担家务、彼此支持、保持善意、花足够的时间一起相处、犯错误的时候道歉等。

（3）修复关系。伴侣无论是依靠自己还是依靠专业力量来修复关系都是维持和提升亲密关系的重要方式。

二、为人父母

孩子的出生改变了家庭生活的方方面面，给夫妻双方的角色带来重大变化，他们突然之间承担了新的角色，这种变化有积极的方面也有消极的方面。当夫妻双方对孩子出生后所要付出的努力和其他家务责任持有比较现实的预期时，双方往往能够获得较高的满意度，而且如果他们可以在养育孩子的目标和策略上达成更多的一致性时，也容易获得更多的为人父母的成就感。

然而对另一些家庭来说，新的角色完全压垮了他们的反应能力，孩子出生对父母身体和心理两方面都有所要求，包括几乎持续不断的疲劳、经济上的压力和增加的家务。这些压力可能会使他们的婚姻满意度比任何时候都低，对女性而言尤为如此，这种性别差异可能是因为女性感受到的责任感比其丈夫要大得多。而且如果原先婚姻关系满意度较低，那么孩子出生以后情况可能会更糟。有些研究甚至发现，生育孩子可能不会增加快乐，反而会使快乐减少。使父母感到不快乐的最主要的原因就是为人父母所带来的日复一日的压力。

随着社会的发展，越来越多的夫妻开始思考到底要不要生孩子，即生孩子再也不是"天经地义"而是一道"选择题"。从研究结果来看，孩子的出生给夫妻双方带来的变化是既有负面又有正面的，夫妻之间稳定正向的关系是渡过难关最有力的保障。有研究表明，如下三个因素可以帮助夫妻安全度过孩子出生所带来的不断增长的压力时期：①建立对配偶的喜爱和感情；②对配偶生活中的事件保持关注，并对这些事件做出反应；③把问题看作是可控制、可解决的。

第六节　中年期的发展

第一单元　中年期的生理和认知发展

一、身体与健康

从成年中期开始，大部分的个体开始逐渐意识到身体的变化，而这些变化意味着衰老的开始。人的衰老受到两个因素的影响，一是随着年龄增长的自然衰退的过程（初级衰老），二是选择不同的生活方式的结果（次级衰老），如饮食、锻炼、吸烟、饮酒等。人们对自己身体变化所体验到的情绪会有所不同，通常情况下，女性似乎会更在意一些，这源于在外貌方面社会对女性和男性采取了双重标准：对于男性而言，年龄的增长被视为更成熟，而对女性而言，年龄的增长被认为是处境更为不利的因素。

二、认知能力的变化

人的智力会随着年龄的增长而退化么？这是一个难以直接用"是"或"否"回

答的问题。发展心理学家华纳·沙因的观点认为：归纳推理、空间定向、知觉速度和言语记忆等能力在25岁左右开始逐渐下降；数字和语言能力则有所不同，数字能力一直增长到45岁左右，语言能力一直增长到成年中期，并在之后的生命中保持稳定。

第二单元　中年期的社会性和人格发展

心理学家埃里克森认为成年中期的心理发展任务为：再生力对停滞。所谓再生力是指一个人在成年中期为家庭、工作和社会做出自己的贡献，具有再生力的人们努力扮演好引导和鼓励下一代的角色，能够体验再生力的个体的关注点会超越自身，通过其他人看到自己生命的延续。缺乏心理上的成长则意味着人们开始趋于停滞，无法充分地体会到存在的价值感。

而人格中的个人特质方面却是相当稳定的，发展心理学家保罗·科斯塔发现：20岁时好脾气的人到了75岁仍然是好脾气，26岁时个性紊乱的人到了60岁仍然如此。大量的研究表明，大五人格特质（神经质、外向性、开放性、宜人性、责任感）在30岁之后就相当稳定了，尽管某些特质会发生变化。

第三单元　中年期常见的发展问题及应对

一、中年危机

中年危机是一个被大众广泛了解的名词，最初是由心理学家丹尼尔·莱文森提出的。莱文森对一组男性被试进行了密集性访谈，然后提出了生命季节理论。根据他的观点，40岁出头是面临转变和危机的时期，这个时期是一个质疑的时期，人们开始关注"生命是有限的"这一本质，体验了初级衰老的迹象，并对抗他们可能无法在有生之年完成所有目标这一事实。在莱文森看来，质疑将导致中年危机，中年危机就是一个充满质疑的痛苦和骚动时期。然而事实如此么？

大量的研究表明，有相当一部分人相当平静地进入中年过渡期，大部分人把中年期看作是得到回报的时期。例如对父母来说，他们通常已经跨越了养育子女过程中最为辛苦的阶段，这使得父母有机会重新点燃他们一度失去的亲密感；还有不少中年人发现自己的事业蒸蒸日上，他们可能对生活非常满意。

因此，进入中年并不是一个对每个人来说都痛苦难熬的时期，它仿佛是人生道路上的一个"观景台"或者"中转站",对生活满意度高的人会利用这个时期欣赏自己的生活并对未来继续憧憬;对生活不那么满意的人需要利用这个时期调整生活的目标和方向,更加珍惜时间和生命。

二、更年期

大约从 45 岁开始,女性进入了一个被称为更年期的阶段,这个阶段将持续 15~20 年。女性更年期标志着由"可以生育"到"不能生育"的转变,最显著的标志为停经。在这个时期,女性体内的性激素开始下降,由此会导致一系列生理症状,如潮热、头疼、头晕眼花、心悸和关节疼痛等。

与此同时,男性在中年期也会经历一些变化,这些变化被统称为男性更年期,是指在 50 岁出头时,由于生殖系统的变化引起的生理和心理反应的一段时期。

更年期到底对个体有多大影响呢?从传统眼光来看,似乎女性更容易受到更年期的影响,如停经与抑郁、焦虑、经常性哭泣、注意力下降和易激惹直接相关,而且有研究者估计,多达 10% 的女性在停经后受到过重度抑郁情绪的困扰。然而有另一些研究者持有不同的意见:停经是衰老的正常过程,它本身并不会引起不适的心理症状。一些女性的确体验了心理困难,但她们在生命的其他阶段也存在这些问题。这样的观点似乎更为合理。有些研究发现,女性对停经的预期会对其停经后的体验造成重大影响。一方面,预料停经期会有困难的女性更可能将所有的生理症状和情绪波动归因于停经引起的;另一方面,对停经有着积极态度的女性不大可能将生理感觉归因于停经。所以,女性对生理症状的归因将影响她们在这一时期的真实体验。

三、压力

对于处于中年期的成人来说,普遍都会感觉到生活中存在着各种压力,研究者认为,压力会导致三个后果:

(1) 直接的生理影响:血压升高、免疫系统功能下降、激素活动增多、心理生理状况改变。

(2) 危险行为:烟、酒和其他药物使用增加,营养摄入下降、睡眠减少。

(3) 和健康相关的间接行为:不关注身体健康,寻求医疗帮助的可能性下降。

以上三个方面将对健康产生巨大的影响。此外,还有一些心理因素也与健康问题相关。有一种性格类型被称为 A 型性格,其特征为好胜、缺乏耐心,很容易表现出挫败感和敌意。这种性格类型的人罹患冠心病的风险是普通人的两倍,出现各种心脏问题的风险是普通人的五倍。研究发现,与 A 型性格有关的敌意和愤怒可能是与冠心病相联系的核心因素,当A型性格的人处于应激情境中时,他们会被过度唤起,心率和血压上升,肾上腺素和去甲肾上腺素的分泌增加,身体循环系统负荷加重。

四、"夹心层"与空巢

到了40岁左右,有些中年人面临着"夹心层"的挑战——上有老,下有小。在面对年迈的父母时,中年人需要进行角色转化,即子女承担家长的角色,而其父母则处于更加依赖性的位置。尽管中年人面临更重的压力,但这个过程也是有好处的:一方面,中年子女和年老的父母之间的心理依恋会持续增长,亲子关系中的双方都能够更现实地看待对方,他们可能变得更加亲近,更能接受彼此的缺点及欣赏彼此的长处;另一方面,中年子女对年老父母的照顾也会为年轻子女起到示范作用,把赡养老人当作传统的、义不容辞的责任。

一般到了50岁左右,人们开始面临另外一项重要的挑战:子女离家。孩子离开家庭独立生活是一个痛苦的过程,甚至被称为"空巢综合征",它是指父母在孩子离家后所体验到的不快乐、担心、孤独和抑郁的状况。如果对父母来说,"孩子是他们唯一的生活",那么孩子的离家简直是一场灾难,父母需要重新调整生活以应对生活内容、方式的变化。空巢除了带给人失落以外,可能还会有一些后悔的感觉。有研究发现,有些父亲会发现自己失去了一些机会,后悔没有陪着孩子一起完成某些事情,或者认为自己没有尽到为人父的养育责任。事实上,孩子的离家也会给父母带来一些好处,如夫妻有更多的时间相处、家务量明显减少、有更多的时间投入到工作或者是兴趣当中等。

第七节 老年期的发展

第一单元 老年期的身体发展

在过去,老年意味着丧失,而现在这种观点逐渐被新的看法所取代:成年晚期或老年期是人们继续变化的一个时期——个体在某些方面会衰退,但在另一些方面会有所增长。当然,从成年中期开始身体会发生细微的变化,到了成年晚期这种变化会更为明显。衰老最明显的迹象之一就是头发的变化,大多数人的头发会逐渐变灰、变白,脸部和身体其他部位的皮肤会失去弹性而出现皱纹。老年人还会变矮,身体内部的各个器官的功能也在发生着巨大的变化,许多能力也随着年龄的增长而衰退。

第二单元　老年期的社会性和人格发展

　　心理学家埃里克森认为老年期的心理发展任务为：自我完善对失望。这个时期的特点是回顾和评价过去的经历，并和生活达成协议或进行妥协。成功经历这个发展阶段的人会体验到满意感和成就感，即"完善"。当人们体验到完善这一状态时，他们觉得自己已经实现和完成了关于生活的设想，没怎么留下遗憾。与之相反，有些人在回顾过去时并不满意，他们觉得错失了一些重要的机会，没有实现自己的愿望，因而感到失望。

　　如何成功地变老？发展心理学家保罗·巴尔特斯和玛格丽特·巴尔特斯提出了"通过补偿达到选择性最优化"模型，它是指人们关注某些特殊的技能，以此补偿在其他领域中能力丧失的过程。人们通过寻求增强自己在动机、认知和体能上的优势资源来做到这一点，同时通过选择的过程，关注自己特别感兴趣的特定领域。这样做的结果是，老年人在某些方面的活动有所减少，但也有相应的转变和调节，最终其生活仍然是成功和有效的。

第三单元　老年期常见的发展问题及应对

一、面对死亡

　　心理学家伊丽莎白·屈布勒-罗斯在与濒死者及其看护者广泛接触和调查的基础上，发展出一套关于死亡和濒死体验的理论，她认为人在死亡过程中要先后经历五个阶段。

　　(1)阶段一：拒绝。通常在得知自己要面临死亡的时候，人的第一反应就是"不可能，一定是弄错了，我不可能死！"在拒绝过程中，人们不肯承认自己即将死亡。这种拒绝是一种帮助人们以自己的方式和步骤吸纳不愉快信息的防御机制。只有人们有能力接受的时候，才会认可自己即将死亡的事实。

　　(2)阶段二：愤怒。濒临死亡的人可能会对周围的任何人感到愤怒，他们认为命运不公，死亡不该降临在自己的身上。

　　(3)阶段三：讨价还价。面临死亡的人试着去商讨能够摆脱死亡的到来的可能性，他们可能会说，"如果自己还有救，我将献身慈善事业"，或者"如果能活着看到儿子结婚，我将安心地死去"。

（4）阶段四：抑郁。许多濒死的人都经历过抑郁阶段，当意识到死亡已成定局，自己无法以任何方式解脱的时候，人们会有一种巨大的失落感。人们意识到自己正在失去所爱的人，自己的生命真的正在走向终结。

（5）阶段五：接受。达到接受状态的人们将会完全地认识到死亡的迫近。他们对现在和将来已经没有任何积极或者消极的感觉，与自己讲和，想要独处。对他们而言，死亡不再引发痛苦。

二、丧亲与哀伤

当亲人离去的时候，痛苦随之而来，其中涉及丧亲和哀伤。丧亲是对死亡的客观事实的承认，而哀伤则是指对他人死亡的情感反应。哀伤的第一个阶段通常伴随着震惊、麻木或者完全否定。人们可能会回避客观事实，试着按照以往的方式生活。如果痛苦太强烈的话，人们又会恢复到麻木状态。麻木状态可能是一种自我保护的方式，即避免自己陷入痛苦的情绪当中难以自拔。在下个阶段人们开始面对死亡，他们沉浸在巨大的悲痛中，开始承认与死者永久分离的现实。最终，丧失亲人的个体会进入到适应阶段，开始重新拾起生活，重新建立新的关系甚至是自我概念。

大部分经历过丧失的人可以重新开始生活，但有 15%～30% 的人表现出相对较严重的抑郁情绪，经历超过一年或者更长时间的哀伤。尤其家中有儿童时，以下是一些帮助孩子处理哀伤情绪的方法：

（1）坦诚相对，采用与儿童年龄相符的语言告诉他们真相，委婉但清晰地指出死亡的普遍存在和不可逆性。

（2）鼓励对悲痛的表达，不要阻止孩子哭泣或是流露他们的情感，鼓励他们表达对死者的思念。

（3）帮助孩子确信亲人的离世不是他们的错，儿童有时倾向于把发生的不好的事情归咎于自己身上。

（4）可以利用与死亡主题相关的儿童绘本来帮助孩子更好地处理哀伤。

第四章

社会化与人际沟通

第一节 社会化概述

第一单元 社会化的含义

社会化是指个体通过与社会的交互作用，适应并吸收社会文化，成为合格的社会成员的过程。社会化有两个任务：①个体知道社会或群体对他有哪些期待，规定了哪些行为规范；②个体逐步具备实现这些期待的条件，自觉地以社会或群体的行为规范来指导和约束自己的行为。

一、社会化的历程

社会化是一个持续终生的过程。根据人的发展周期及各个发展阶段的特点，可以把社会化分为以下几个过程。

1. 儿童期社会化

婴儿刚出生时其生理机能发育还没有全部完成，心理活动处于萌芽状态，在最初的几个月里父母对其生活的照顾满足了婴儿的情感需求。大约在三个月左右，婴儿开始发出和接受比较强烈的情感信息，到 12~18 个月时，婴儿试图通过关注外界事物获得父母的喜欢。随着儿童语言的发展和对符号的理解，儿童的自我概念得到进一步发展,这时进行的社会化将更加有效。当儿童成长到 3~6 岁时,其最初的人格倾向开始形成了,在思维方面以具体形象为主,抽象思维能力比较差。当儿童成长到学龄期,他们的社会化发生质的转变,学校使其社会化更加有目的、有系统,他们的思维活动将向更抽象的逻辑思维过渡,学校使儿童的身心得到了家庭之外的集体锻炼,他们适应社会生活的能力得到进一步加强。

2. 青春期至青年期的社会化

青春期的个体更多受学校和同辈群体的影响,这一时期的青少年能在很大程度上采纳别人的意见,并逐渐学会自觉地评价自己的人格,他们的自我意识得到进一步的发展。青春期是世界观形成的萌芽时期,由于青少年经常过分地在意他人对自己的评价,因此他们很容易在唯我主义与自卑之间徘徊。青春期也是个体发展自身抽象思维能力的时期,其抽象思维能力已经发展得比较强了。同时,大量研究发现,许多青少年期的社会化是以预期社会化的形式出现的。预期社会化是指个体为未来角色做准备的社会学习过程,预期社会化在青少年身上表现得非常明显,他们在预演未来自己成人担当的社会角色。

青年期是青春期与成人期之间的一个不明朗的时期,但这一阶段个体生理上已经成熟,世界观初步形成,人格发展接近定型,知识技能日趋完善,他们的生活范围也扩大了。

3. 成人期的社会化

成人期个体的初步社会化已经完成,他们的自我概念已经发展起来,他们将不断选择、学习与尝试各种不同的社会角色,生活与事业比较稳定,心理上也更加成熟。到了成人晚期,个体需要调整自己,以面对自我价值和社会地位的降低,以及面临的衰老和死亡。老年阶段的个体必须调适自己与他人的关系,不断完善自己的人格,适应老年阶段的社会角色,享受和安度晚年。

4. 继续社会化和再社会化

继续社会化是指成人期个体的人格依然在成长变化,为了适应不断发展的社会文化环境,个体要继续学习社会知识、价值观和行为规范的过程。

再社会化是指有意改变原有的价值观念和行为模式,建立新的价值观念与行为模式的过程。它是青少年与成人都有可能经历的一种过程。

二、社会化与个性化的关系

个体的社会化与个性化是一对贯穿于一个人生命全过程的矛盾。这一矛盾表现为个体既是社会性的存在,同时又是个体性存在。个体既与社会中的他人有着千丝万缕的联系，但同时又不得不独自面对自己人生的许多情境，这种联系性和独立性从一出生就存在，一直持续到生命的结束。社会化的过程正是这种矛盾状态的双重运动，在这个过程中，个体不仅可以提高与他人建立联系的能力，而且能更好认识自己与他人的区别，使个体既具有社会性的同时，又更具有个性。个体只有在社会化的人际关系中才能构建自我，而同时又必须超越这种关系才能开拓自身独特的生活道路。

三、社会化的心理机制

1. 角色引导机制

角色是社会对群体或社会中具有某一特定身份的人的行为的期待。角色是社会期待的产物，身处社会的个体都很看重社会对自己的接纳与承认程度，也必然会受到角色的影响到和引导。如果个体的行为偏离了社会的期待，就会被社会抛弃，个体往往会由此产生焦虑和恐惧。这成了人们隶属于和认同社会的心理动力，使得个体的行为表现自觉或不自觉地受角色所引导，并尽量保持社会角色相一致的行为表现。

2. 社会比较机制

社会比较是一种普遍存在的社会心理现象，经典的社会比较理论认为，人类体内存在一种评价自己观点和能力的内驱力，这种把自己的观点与他人进行比较的过程，即为社会比较。通过社会比较机制的引领，个体在社会化过程中获得了自我评价、自我完善和自我满足。

3. 社会学习机制

社会学习理论认为，人的行为既受遗传因素和生理的制约，又受后天经验环境的影响，人们的行为，特别是人的复杂行为主要是后天习得的。个体的行为习得的经验不仅来源于个体受到的奖励和惩罚，还来源于观察和学习他人的经验。个体通过在与社会环境的互动中学习经验，形成相应的思想、情感和行为，进一步促使个体发展社会化历程。

4. 亚社会认同机制

亚社会是社会中的部分性群体，如地域、社区、学校、工作单位等，是个体社会化的直接背景。人们在亚社会中形成了共同的生活方式、共同的价值观，并形成了一种团体认同，即亚社会认同。个体在社会化过程中首先要得到自己直接生活在其中的亚社会的认同。个体只有良好地适应了亚社会，才能以亚社会为出发点，适应更大的社会环境。没有亚社会的引导，个体就难以在大的社会环境中顺利成长和发展。

第二单元　社会化的因素

一、遗传因素

遗传因素是人社会化的潜在基础和自然前提。从生物学的意义上讲，正是由于有一种由上代为下代提供的有利于人类从事社会活动的特殊的遗传素质，才为人的社会化奠定了生物学上的基础。但是，只有生物学的基础，个体是不能完成社会化的。环境在社会化过程中也有决定性的作用。如果仅具备了遗传素质，而没有适当的社会条件，个人的社会化将无法实现。

二、社会环境因素

1. 社会文化

这里所讲的文化是一个广义的概念，它既包括文学、艺术、教育、科学等精神财富，又包括社会的政治、经济、宗教、风俗、习惯、传统及生产力水平等。各个社会的文化是整个社会的产物。它一经产生就陶冶每一个社会成员，使他们的思想、观念、心理、行为与生活实践自然地符合它的要求与准则，并带着它对一个民族的生存发展做贡献而激发的情感因素，以价值观念形态积淀于民族心理意识之中，得以世代相传，并在实际生活中发挥程度不同、功能不一的社会效应。

2. 家庭

家庭是个体社会化的起点，是个体社会化最为重要的因素。家庭中影响个体社会化的因素很多，其中父母的教养方式和家庭气氛尤为重要。

3. 学校

学校是有计划、有组织、有目的地向社会成员传授知识、技能、价值标准、社会规范的专门机构。当儿童进入学龄期以后，学校影响逐渐上升到首要地位，成为最重要的社会化的因素。学生在学校不仅学习知识，还学习大量"无形的课程"。他们在这里首次接受与他人相比较的系统评价，学会服从非个人化的规则，这些对儿童的自我发展以及社会行为模式的塑造起着潜移默化的作用。

4. 同辈群体

同辈群体是一个由地位、年龄、兴趣、爱好、价值观等大体相同或相近的人组成的关系亲密的非正式群体。同辈群体是一个独特的、极其重要的社会化的因素，尤其个体进入青春期后，同辈群体的影响更加重要。同辈群体给青少年提供了一个新的活动天地和适合他们心理适应及发展的小环境。同辈群体的特征与青春期的身心发展特点的契合，决定了其在社会化过程中的特殊影响。

5. 大众传播媒介

大众传播媒介是以报刊、图书、电影、广播、电视等为工具，面向大众的信息沟通方式。大众传媒迅速地向人们提供有关社会事件和社会变革的信息，同时，大众传媒还向个体提供各种不同的角色模式、角色评价、价值标准、行为规范等，因而对个体的社会化起潜移默化的作用。大众传播媒介在个体社会化中有积极作用也有消极的作用，如电视暴力直接影响到少年儿童的侵犯行为与侵犯倾向、电子媒介的娱乐性暗示使得公众的生活庸俗化和琐碎化了、大众传媒在传递信息的同时也会削弱个体心目中的权威形象，冲击传统社会化执行者的地位，对个体的实际生活产生误导。

6. 互联网

在高度信息化的时代，作为一种特殊的大众传播媒介，互联网以其特有的方式和丰富的内容向人们展示出一个全新的虚拟世界。网络所特有的广泛性、开放性与即时性对人们的教育、生活方式与价值观念产生了深刻影响，迅速拓展了个体原有社会化的环境空间。

第三单元　社会化的理论

一、精神分析学说

1. 弗洛伊德的观点

弗洛伊德强调个体与社会的冲突，强调生理基础与情感在个体社会化的过程中的作用。按照弗洛伊德的观点，人格是由称为"本我""自我""超我"三个部分组成的整体。人的社会化过程就是由这三部分的交互作用所决定的，社会化的过程就是促使人格的三个部分平衡发展。弗洛伊德认为，婴幼儿期的生活经验是构成个人人格的主要因素，也是社会化的最重要阶段。童年期的社会化奠定一个人一生发展的基础。

2. 艾里克森的观点

艾里克森发展和修正了弗洛伊德的理论。他主要关心的是更为理性的"自我"的世界。他把个人一生的发展分为信任与不信任、自主与羞愧怀疑、主动与内疚、勤奋与自卑、同一性与角色混乱、亲密与疏离、再生力与停滞以及自我完善与失望八个阶段。

与弗洛伊德的观点相比，艾里克森的心理社会发展理论主要有如下发展：第一，人格的发展持续一生；第二，强调主体的自我作用与社会文化的影响；第三，对人格发展的每一阶段都提出了一个具体的心理社会问题，对学校教育中人格培养、对专业机构精神疾病的预防与治疗都有很大的现实意义。

二、认知发展论

1. 皮亚杰的道德发展理论

皮亚杰提出的认知发展论主要从认知的发展角度研究人的社会化。他强调个体在认知过程中具有一定的认知结构，在认知活动中表现出同化和顺应两种功能。这样，个体的认识的发展就表现为主体和环境的积极互动过程。因此，社会不能理解为规范和价值从上一代向下一代简单地传递，个体本身也是他所在社会的道德法则的积极加工者。他特别强调，儿童的道德判断能力随着他认知结构的变化和认知水平的提高而提高。

2. 柯尔伯格的道德发展理论

柯尔伯格进一步发展了皮亚杰的理论，把人的道德发展过程分为前习俗、习俗、后习俗三个水平。

（1）前习俗水平。处于这一水平的儿童，对是非的判断取决于行为后果，或服从权威、成人意见。该水平又可分为服从与惩罚取向、奖赏取向两个阶段。

（2）习俗水平。判断是非能注意到家庭和社会的期望。该水平分为"好孩子"道德和维护社会秩序与权威的道德两个阶段。

（3）后习俗水平。个人考虑可能超越社会法律及其对秩序的需要的权利和原则。该水平分为社会制度、良心的取向和普遍的道德原则两个阶段。

柯尔伯格指出，这三个水平依照次序进展，不能超越，但也并不是所有的人都能达到最高水平。他认为道德判断能力的发展除了成熟因素外，还依赖于智力发展和社会经验的获得。

三、行为主义学说

华生作为行为主义学派的代表人物，反对生物遗传论，认为人的行为是由环境决定的。他认为行为就是对刺激的反应，既然刺激不可能来自先天遗传，那么行为当然也不可能来自先天遗传。因此，他坚持认为人类的行为都是后天习得的，环境决定了一个人的行为模式，无论是正常的行为还是病态的行为都是经过学习而获得的，同样也可以通过学习而改变或消除。华生认为，个体社会化的过程就是外界环境影响个体的过程，这个过程是不受个体先天因素影响的。

四、社会学习理论

班杜拉是当代社会学习理论最著名的代表人物。他认为儿童学会的许多行为模式都不是按照早期行为主义提出的强化或惩罚方式学到的，而是通过观察-模仿习得的。他强调强化和惩罚对儿童实际操作再现某种模仿行为的影响，而不是对儿童学习某种行为的影响，把社会化的过程看作是有机体和环境的"交互作用"的过程。

五、正常成熟论

正常成熟理论是由美国心理学家格塞尔等提出，他们认为人的社会化并不单纯由社会规范、社会压力等外部力量塑造的，而是一个相对独立的自然成熟的过程。所谓成熟指由基因引起并指导器官形成与动作模式有序扩展的过程。人类的生命从单个的极小的细胞开始，细胞集中起来形成有机体的不同部分，它们遵循一种规则有秩序的发展。

六、符号互动理论

符号互动理论是由社会心理学家米德提出的。他强调符号在社会化过程及在社会心理、社会行为中的作用。该理论主张从个体互动的日常环境去研究人类群体生活，它强调社会由互动的个体构成，对于诸种社会现象的解释只能从这种互动中寻找。对个人行为和活动的研究只有放在社会互动过程中进行，而且个人行为只是整个社会群体行为和活动的一部分，要了解个人的行为，就必须先了解群体行为。符号互动理论强调社会是一种动态实体，是经由持续的沟通、互动过程形成的。

符号互动理论的基本假定主要包括：人对事物所采取的行为是以这些事物对人的意义为基础的；这些事物的意义来源于个体与其同伴的互动，而不存在于这些事物本身之中；当个体在应付他所遇到的事物时，他通过自己的解释去运用和修改这些意义。符号互动理论强调自我将根据对周围环境的理解来决定自己的行动和改变，据此，人自己也能扮演他人的角色或符合他人的角色的期待。

第二节 自 我 意 识

第一单元 自我意识的一般内涵

一、自我意识的定义

自我意识是指一个人对自己存在的觉察，包括认识自己的生理状况（身高、体重、形态等)、心理特征(如兴趣爱好、能力、性格、气质等)以及自己与他人的关系(如自己与周围人们相处的关系、自己在集体中的位置与作用等)。自我意识包含三种成分：自我认知，即对自己各种身心状态、人-我关系的认识；自我情感，即伴随自我认知而产生的情感体验；自我意向，即伴随自我认知、自我情感而产生的各种思想倾向和行为倾向，自我意向常常表现于对个体思想和行为的发动支配、维持和定向，因而又称自我调节器或自我控制。

二、自我意识的内容

1. 生理自我、社会自我与心理自我

自我意识分为生理(物质)自我、社会自我与心理自我。

(1) 生理(物质)自我。指个体对自己的身体、性别、体形、容貌、年龄、健康状况等生理物质的意识。

(2) 社会自我。在宏观方面指个体对隶属于某一时代、国家、民族、阶级、阶层的意识；在微观方面指对自己在群体中的地位、名望、受人尊敬、接纳的程度，拥有的家庭、亲友及其经济、政治地位的意识。

(3) 心理自我。指个体对自己智能、兴趣、爱好、气质、性格等方面特点的意识。

2. 现实自我和理想自我

卡尔·罗杰斯根据自己的临床实践，提出了现实自我和理想自我的概念。

(1) 现实自我。是指个人对自己受环境熏陶炼铸的，在与环境相互作用中所表现出的综合的现实状况和实际行为的意识。它是自我现实的、社会存在的真实反映。

(2) 理想自我。是指个体经由理想或为满足内心需要而在意念中建立起来的有关自己的理想化形象。理想的内容尽管也是客观现实的反映，但由这内容整合而成的理想自我却是观念的、非实际存在的东西。

三、自我觉知与自我意识

自我觉知是指发动并维持自我意识活动过程的高度集中的自我注意状态。在自我觉知状态下，个体特别关注自己的思想和情感，关注别人对自己的反应，个体更能觉察到有关自我的信息。当个体将注意力转而向内着眼于自我的内容、成分时，他就处于自我觉知的状态。没有自我觉知，个体将永远无法形成自我意识的观念，无法规范自己的行为。

四、自我意识的作用

首先，自我意识对学习与工作具有推动作用。自我意识中的两个主要成分是自尊心与自信心，这两者都对个人的行为具有重大的影响。自尊心就是尊重自己的人格，尊重自己的荣誉，不容别人歧视侮辱，维护自我自尊心的自我情感体验。一个人如果缺乏了自尊心，则任何批评与表扬都起不了作用；而当人有了自尊心，就不会为个人的目的而奉承别人，也不需要别人奉承自己。与自尊心密切相关的是羞耻心。它是指由于发现了自己在认识上、行为上的不足、缺点和错误而感到羞愧，受到别人的侮辱而感到愤怒。羞耻心是产生在自尊心的基础上，没有羞耻心的人，也就无所谓自尊心了。羞耻心对人的进步和成长有很大的关系。自信心是指对自己力量的充分估计，它是自我意识的重要成分。自信心是人们成长不可缺少的一种重要心理品质。一个人如果很自卑，看不到自己的力量，总是认为自己不行，做不好工作，搞不好学习，久而久之会形成一种心理定式，对于工作与学习将会带来消极的影响。

其次，自我意识对态度转变具有决定作用。自我意识对个人的态度转变有事实上的影响。如果一个人对自己各方面的评价都很高，认为自己一贯正确，甚至十全十美，当客观上要求他改变某种态度时，他会感到非常委曲，有的甚至很难转变。

第二单元　自我意识的产生与发展

一、生理和心理能力的发展与自我意识的产生

自我意识的产生或形成的标志主要有物-我知觉分化、人-我知觉分化和有关自我的词的掌握。

自我意识的产生与生理和心理能力的发展密切相关。首先，物-我知觉的分化依赖于感知觉和动作的发展以及它们的协调发展，以大脑结构和机能的一定成熟为前提，随着大脑生理结构成熟，个体才能发展起一定的心智机能，才有可能出现物-我知觉分化；人-我知觉分化依赖于注意的发展以及视觉表象及记忆能力的出现。有关自我的词的掌握需要复杂的抽象、概括能力，而这又以大脑皮质尤其是大脑额叶的成熟发展及机能复杂化为前提。

二、自我意识在社会互动中的发展

生理的成熟和发展只是形成自我意识的前提，并不能保证自我意识的发展。社会心理学研究表明，个体自我意识发展的核心机制是其在认知能力不断提高的同时保持与他人的相互作用；儿童社会自我的发展与他们对别人知觉能力的发展有着紧密联系。由此可见，自我意识的形成和发展还依赖于个体参与社会生活、与他人相互作用。个

体在社会互动中发展扮演不同角色的能力使自我意识得到发展，随着个体角色扮演能力的逐步提高，扮演角色范围的不断扩大，自我意识就进入了不同的发展阶段。

三、影响自我意识形成和发展的社会因素

（1）社会经济地位。此因素影响自我意识的发展水平，如自我成就、自我实现欲求的高低等；对个体从事社会实践活动的自觉性、主动性、能动性产生重大影响。

（2）社会文化环境。在同一文化背景下生活的人们，可能形成共同的自我意识成分，如东方文化容易造成互倚型自我，西方文化易造就独立型自我；文化环境的差异会导致个体价值观的差异，从而造成人们自我意识的不同。

（3）家庭。家庭对个体自我意识的形成、发展起着关键作用。许多研究表明，儿童对自己的看法是其父母观念的反映，经常受到父母肯定的儿童倾向于形成肯定的自我，而苛刻的父母所给予的否定评价则易使儿童形成否定的自我。

（4）角色扮演。个体的自我意识是在社会互动通过角色扮演，把自己置于对方的位置上而逐步形成的。通过角色扮演，个体在社会互动中将自己视为一个被评价的客体，从而产生了暂时的自我形象，这种自我形象逐渐定型，就形成了个体稳定的自我概念。因此，个体在社会互动中角色扮演的成功与否，对他们的自我意识会产生很大的影响。个体角色扮演成功，易于形成自信、自尊的自我意识；反之，角色扮演者就会常常经历理想自我与现实自我的角色意识冲突，体验到焦虑和紧张，使自我意识的同一性受到损害。

（5）他人的评价。人们大多数有关自己的信息都来源于他人，是对他人评价的反映。他人评价对自我意识的形成具有重要的作用。研究表明，个体的自我意识会随他人评价的改变而改变。国内学者研究发现，小学三年级以上的学生已经形成了十分清晰的自我意识，他们对自己多方面的评价十分接近老师和同学对他们所做的评价，且与他们的现实状况也有高度一致性。

第三单元　自我过程

自我过程是指影响自我意识形成、影响自我意识的方向或目标的心理加工过程。个体作为社会生活的积极参与者，有着不同的目的，也为此追求不同的目标。自我过程可以分为自我评价、自我增强和自我表现三个内容。

一、自我评价

自我评价指个体对自身状况做出的肯定与否定的判断，通常依赖自我预期和社会

比较。

（1）自我预期。是指通过完成能提供有关自我能力或品质的准确信息的任务来检验自我的过程。有时候我们会更乐于相信自己、相信事实。当我们无法确认自己是否有某方面有才能的时候，最简单的方法是直接去做以检验自己的实力。

（2）社会比较。是指通过自己与他人比较获取有关自我的重要信息的过程。社会比较理论认为，当个体需要认识自己但又缺乏判断的客观标准时，往往会通过与自己地位、职业、年龄等相似的人进行比较来认识自己。

二、自我增强

自我增强是指个体用以避免自尊心受损或增加自尊的过程。自我增强过程往往采用下面几种方式。

（1）选择性遗忘。当回忆的事件有损个体的自尊时，个体常常会出现对事件的选择性遗忘。个体对消极事件尤其是失败事件比对积极、成功的事件遗忘得更快。

（2）自我照顾归因。这种方法是通过强调个体对积极的合乎期望的好结果的作用，缩小对消极的不合乎期望的坏结果的责任来保护自尊。

（3）自我妨碍。人们有时会积极主动的预先设置障碍，为以后的失败找到理由，从而达到保护自尊的目的。

（4）向下的社会比较。当个体为了弄清自己在群体中的位置，向上的和自己类似的人比较可能大大挫伤个体的自尊，这时人们常常会进行向下的社会比较，想象有些人的价值还不如自己。向下的社会比较可以避免自信心的降低和妒忌心的上升。

（5）有选择的接受反馈。当行为结果的反馈有损于或有利于自尊时，个体便有可能选择性的接受反馈信息。人们趋向于贬低消极的、否定的反馈评价，而夸大积极的、肯定的反馈评价的可靠性。

（6）认知重评。人们在扮演社会角色时，不可能事事成功，当自我角色目标失败时，便可对相关的社会角色的重要性进行重新评价，以此进行自我定义补偿自己的角色缺陷。个体倾向于强调自己的积极品质，忽视消极品质。

三、自我表现

自我表现是指个体通过自己的外显社会行为形成、维持、加强或澄清他人对自己印象的过程。在多数情况下，个体的公开形象和实际情况是一致的，个体一般都希望别人了解一个"真实的自己"，力图通过自我表现给他人留下真实的自我形象。另一种自我表现形式称为策略性自我表现：在某些情况下，自我表现是出于策略性的考虑，努力去形成或控制他人对自己的知觉印象，又称为自我监控。自我监控是一种能根据周围的情景线索对自己进行自我观察、自我控制和自我调节的能力。

第三节　社会认知与归因

第一单元　社会认知概述

社会认知是指个体根据环境中的社会信息推论人或事物的过程，即人们选择、理解、识记和运用社会信息作出判断和决定的过程。社会信息既包括他人、群体、人际关系，也包括认知主体自身。社会心理学感兴趣的是作为知觉主体的个人对他人、群体的人际关系的社会认知，以及与此相伴随的自我省察的过程。

一、社会认知的特征

1. 选择性

选择性是指人们根据刺激物的社会意义的性质及其价值大小，有选择地进行社会认知。影响人们认知选择的因素有两个：第一，过去的亲身经历；第二，刺激物的作用强度。如果某种刺激曾给个体带来愉悦，就会引发积极的认知倾向。相反，对于那些令人不愉快的人和事，个体会极力回避或置之不理。而刺激的强度越大，越易引起认知者的注意。

2. 互动性

在社会认知过程中，知觉者和被知觉者处于对等的主体地位，不仅被知觉者影响知觉者，而且知觉者也会影响被知觉者，即社会认知过程的发生不是单向的，而是双向的。

3. 防御性

人们为了更好地适应社会，会运用认知机制抑制某些刺激物的作用，这就是社会认知的防御性。个体在负性情绪状态下对社会客体的反应，与在中性情绪状态下的反应是完全不同的，也就是说，个体的情绪不同对同一刺激会有不同的反应。个体会在特定的情绪状态下，根据自己已有的认知结构辩明刺激物的意义和重要性，从而决定是否回避。

4. 完形性

人们在社会认知过程中，自觉或不自觉地贯彻了完形原则，即个人倾向于把有关认知客体的各方面材料规则化，形成完整的印象。这种倾向在判断一个人的时候尤为突出，人们在认知一个人的时候是无法容忍自相矛盾的判断的，比如这个人既是好人又是坏人，或既是热情的又是冷酷的。

二、图式

1. 图式的含义

图式是指有关某一概念或刺激的一组有组织、有结构的认知。它包括对某一概念或刺激的知识、相关的各种认知的关系及特殊例子等。其内容可以是特定的人、社会角色、自我、对特定客体的态度、对群体的刻板印象或对共同事件的知觉。

2. 图式的分类

（1）个人图式。是一种心理上的认知类型，它描述了典型的或者特别的个体。如"好人图式"和"坏人图式"等，这就是典型的个体。人们心目中对特定的认识对象存在典型的形象，即特定的图式，人们对认识对象的判断，一般是套用典型图式的结果。

（2）自我图式。是指个体把自己加以分类和描述的方式。比如，我们关于自己的图式可能包括"内向的""善良的""聪明的"等特性。如果一个人把自己的图式归入某一类别之后，就成了一个图式化的人。如果一个人认为自己很坚强，就会以坚强的图式行事。

（3）角色图式。是指人们对特殊角色者（如教授）所具有的认知结构。如人们认为男人是坚强的、勇敢的，中国人是勤劳的，等等。

（4）事件图式。是指社会事件的心理分类，即某一事件发生的顺序和内容。它包括社会事件在发生前后以及因果关系上的普通特征。如"请人吃饭"这一事件图式包括，选择吃饭的地点、约定时间、向朋友发请帖、开始会面、席间聊天、道别、送人回家等。

第二单元 社会认知的基本范围

一、表情认知

1. 面部表情

面部表情是指个体面部的情绪表达，以面部的肌肉变化为标志。研究表明，人们可以比较准确地从面部表情上辨别出各种情绪，包括快乐、悲伤、惊奇、恐惧、愤怒等。眼神的情绪表达是面部表情中最要的内容。研究表明，几乎所有的内在体验都可以表达在眼神之中，人们把眼睛比作是"心灵的窗户"是很恰当的。

2. 身段表情

身段表情是指个体身体各个部分情绪的表达，又称姿势。研究表明，个体的情绪可以从身体的姿态变化中流露出来，如点头、鼓掌、鞠躬等。身段表情中，双手最富有表情，从双手的动作上认知发出者情绪，不亚于对面部表情的认知。

3. 言语表情

言语表情不是指言语内容本身，而是人说话时的音量、声调、节奏等特征，是一种辅助言语。日常生活中，人们一般会通过别人说话的方式判断其内心状态。研究表明，言语表情所传达的信息比言语本身更为可靠。

二、性格认知

性格不仅包含个人的情绪特征，同时包含人的认知反应和意志行为特征。了解一个人的性格，需要了解他对现实的态度，以及相应的习惯化的行为方式。由此可见，仅通过外表判断一个人的情绪，不等于了解这个人的性格。在性格认知过程中，人们不仅需要了解对方各方面的信息，还需要通过长期与他人交往，才能比较准确地了解个体的性格特征。

三、关系认知

关系认知包括认识自己与他人的关系以及他人与别人的关系。通常，人们认知他人包含选择自己对他人的关系形式，如对有些人疏远，而对有些人则表现出亲近。这种选择直接影响我们的交往动机，一个人更愿意与自己性格相似的人接近，交往中追求相似性构成了对他人认知的重要项目。

第三单元　影响社会认知的因素

一、认知者本身的特点

1. 认知者的经验

认知者的经验不同，思考问题的角度不同，个体的原有经验对认知过程有特殊的影响。个体的原有经验会制约我们认知的角度，如对于同一座建筑，建筑师更多地着眼于它的构造、轮廓，而木匠则可能更关注木料的质地及工程的优劣。

2. 认知者的性格

认知者的性格不同会影响其认知结果。自信心强的人和自信心弱的人认知同一对象时，前者有独立性，后者则往往会服从权威。

3. 认知者的需要

认知者的需要不同，其认知结果也不相同。当认知对象能满足认知者的需要时，这种需要可能是生理的或心理的，认知者在获得满足或即将获得满足的状态，对社会事件判断的正向性会增强，反之，则会减弱。如食物对一个处于饥饿状态下的人显得非常重要；在与人交往中，如果我们感到不需要他人，会认为他人缺点很多，不值得交往。

4. 认知者的情绪状态

个人的情绪体验直接影响着其认知活动的主动性和积极性。情绪饱满的人，活动领域比较开阔，往往消息灵通；情绪低落则更容易把周围看成灰暗一片。当人们对某个人有好感时，往往会说自己和他"志趣相投"，而对于和自己"格格不入"的人，会感到他与自己处处不同。

5. 认知偏差

在认知过程中，个体的某些偏见经常影响认知的准确性，这种带有规律性的现象，在许多情况下人们是难以克服的。认知偏差包括以下5项。

（1）光环效应。如果一个人被赋予一个肯定或有价值的特征，那么他就可能被赋予其他更多积极的特征。

（2）相似假定作用。在认知活动中，人们有一种强烈的倾向，即假定对方与自己有相同之处。初次接触一个陌生人时，当我们了解到对方的年龄、民族、地域及职业等与自己相同时，最容易做出这种假定。在社会生活中，背景相同的人并不一定有相似的个性和行为反应特征，但人们却往往根据一些外部的社会特征，判断自己和他人之间的相似程度。

（3）类化原则。人们总是按一定的标准将他人分类，把他人归属于一些预设好的群体范畴中。在认知具体个人时，一旦发现对方所属的群体类别，就会将群体的特征加到对方身上。

（4）正性偏差。个体对他人的正性评价超过负性评价的倾向。许多实验研究表明，无论对方是不是熟悉的人，人们对他们的评价总是肯定多于否定。有学者认为，肯定评价就像"奖金"一样，用于别人身上就可以指望获得回报。在人际交往中，每个人都期待得到他人的承认和接受，因而对他人评价也比较高。

（5）首因效应和近因效应。人们根据最初获得的信息形成的印象不易改变，甚至会左右对后来获得的新信息的解释，这就是首因效应。在认知过程中，个人尽管可以获得多种信息，但最终决定他形成印象的却是最初信息，其余信息则被忽略。近因效应则是指人们在认知一系列社会事件时，后来获得的信息影响他们对事件的判断。心理学的研究还表明，在人与人的交往中，交往的初期，即在延续期还生疏阶段，首因效应的影响重要；而在交往的后期，就是在彼此已经相当熟悉时期，近因效应的影响也同样重要。

二、认知对象本身的特点

1. 个体魅力

个体魅力既包括外表特征和行为反应方式，又包括内在的性格特点。说一个人有魅力，意味着他具有一系列积极属性，如长相好、有能力、正直、聪明、友好等。容貌通常最快被人认知，且直接形成对人的魅力的认知，从而首先导致光环效应；一个人的态度也与魅力密切相关，如果认知者感到认知对象态度好或与他相似，很容易把他看作是有魅力的人。

2. 知名度

一个人的知名度也影响着别人对他的认知。一般认为，知名度高、社会评价积极的人，对于认知者的心理有特殊的影响力。人们常常把这样的人先入为主地看成是有吸引力的人。

3. 自我表演

在多数情况下，认知对象并不是认知活动中完全被动的一方，而是"让"别人认知的一方。因此，认知对象的主观意图势必要影响他人对自己的判断。认知对象的自我表演对于认知者的作用是不可否认的。认知对象透过语言与非语言信息的表达，试图操纵、控制知觉者对他形成良好印象的过程被称作印象整饰或印象管理。印象整饰在日常生活中有重要的作用，良好的印象整饰是人际关系的润滑剂。常见的印象整饰策略有按照社会常模管理自己、使自己的言行符合角色的社会规范、隐藏自己和投人所好等。

三、认知的情境因素

1. 空间距离

空间距离显示交往双方的接近程度。在认知活动中，它构成一种情境因素。空间距离可分为4种：①亲密距离(0～0.5米)，通常出现在父母与子女之间、恋人之间，在此距离上双方均可感受到对方的气味、呼吸、体温等私密性刺激。②个人距离(0.45～1.2米)，一般用于朋友之间，此时，人们说话温柔，可以感知大量的肢体语言信息。③社会距离(1.2～3.5米)，用于具有公开关系而不是私人关系的个体之间，如上下级、顾客与售货员、医生与病人等。④公众距离（3.5～7.5米），用于陌生人之间，有特定的社会标准或习俗，这时的沟通往往是单向的。

人们在认知他人之间的关系时，空间尺度往往成为一种判断依据，看到两个人在低声交谈，我们就知道他们所说的事不愿意让别人知道，并推断他们可能有较深的关系，等等。

2. 背景参考

在认知活动中，对象所处的场合也常常成为判断的参考系统。人们往往认为，出现于特定环境背景下的人必然是从事某种行为的，他的个性特征也可以通过环境加以认定。认知对象周围的环境常常会引起认知者对其行为的联想。如，假定一个人在笑，那么只有情景的线索才能显示这一动作是表达高兴还是难堪。

第四单元　归　因　理　论

一、海德的归因理论

海德指出事件的原因可分为内部原因和外部原因。内部原因是指存在于行为者本身的因素，如需要、情绪、兴趣、态度、信念、努力程度等；外部原因是指行为者周围环境中的因素，如他人的期望、奖励、惩罚、指示、命令等。

海德认为人们归因时，通常使用共变原则，就是寻找某一特定结果与特定原因间的不变联系。如果某特定原因在许多条件下总是与某种结果相关联，如果特定原因不存在，相应的结果也不出现，就可把特定结果归于特定原因。

二、韦纳的归因理论

韦纳从认知心理学的角度把成功和失败的原因划分成两个维度，内因与外因只是其中一个维度，另一个维度是稳定与不稳定。如果一个人把考试失败归因于缺乏能力，那么以后考试还会预期失败，这是因为能力是一个稳定的内因；如果把考试失败归因于运气不佳，那么以后考试就不大可能预期失败，这是因为运气是一个不稳定的外因。

有成就需要的人会把成就归因于自己的努力，把失败归因于努力不够。不甘于失败，坚信再努力一下，便会取得成功。相信自己有能力应付，只要尽力而为，没有办不成的事。相反，成就需要不高的人认为努力与成就没有多大关系。他们把失败归因于其他因素，特别是归因于能力不足。成功则被看成是外界因素的结果，如任务难度不大、正好碰上运气好等。

三、对应推论理论

对应推论理论认为，通常人们在判断一个人的言论、行动的原因时，首先考虑外界环境的影响。对于处在高压之下的人，其言行是很难作个人归因的。只有不存在外界压力或压力很小的情况下，个人的言行才被视为他的内部品质、动机、性格的外部表现，才可以做内部归因。一定的外部行为是由一定的动机、人格特质所引起的。外部行为同人格特质两者是相互对应的。因此，从一个人的外部行为（比如常同别人打架）就可以推断他的动机、人格品质（比如攻击性强）。

四、三维归因理论

三维归因理论是指人们在进行归因时需从主、客观领域中的三个范畴去分析，分别为：①客观刺激物（存在）；②行动者（人）；③环境背景。人们对行为归因总是涉及这三个方面的因素，其中，行动者的因素属于内部归因，客观刺激物和环境背景属于外部归因。

第四节 个 人 行 为

第一单元 从 众

一、定义与分类

从众是指在社会群体的压力下，个人放弃自己的意见而采取与大多数人一致的行为倾向。发生从众行为的原因主要是由于实际存在的或想象的社会压力与团体压力，使人们产生了符合社会要求与团体要求的行为与信念。从众行为可分为以下三类：

（1）真从众。这种从众不仅在外显行为上与群体保持一致，内心的看法也认同于群体，也就是通常所说的心服口服。真从众对群体关系的处理有着积极的作用。

（2）权宜从众。是指在某些情况下，个人虽然在行为上保持了与群体的一致，但内心却并不认同群体的看法，仍坚持自己的意见，只是迫于群体的压力，才暂时屈从于群体的选择。

（3）不从众。是指个体在群体中不被群体意见所左右，而保持自我原有选择的一种行为。不从众的情况有两类。一类是表面上不从众，内心其实是一种接纳的态度。另一类是内心观点和行动都表现得与群体不一致。

二、影响从众行为的主要因素

（1）群体特点。包括群体规模、群体吸引力、个体在群体中的地位等。研究发现，随着群体人数的增加，从众行为也越常发生，但这个人数不能超过3～4人。此外，一个群体如果能满足个体的需要和愿望，就对个体有很大的吸引力；个体对群体表示依恋，则个体容易表现从众行为；如果群体内部团结、气氛融洽，则个体也容易表现从众行为。另外，群体中与个人条件类似的其他成员的行为，也会影响个体的从众行为。

（2）个人因素。群体中个人的反从众行为是抵消从众行为的一个因素。当个体感到社会或群体压力很大的时候，只要群体中有一个或几个人持不同意见站出来抵制或反对，就能大大减少群体对个人的压力，个人的从众行为也会随之减少。

个人的心理特点，如需要、情绪、智力、自尊心等也与其从众行为有关。有人特别重视社会对自己的评价，有人则无所谓，这是由于人们对受表扬的需要程度不同的原因。研究证明，前者容易发生从众行为，后者不易发生从众行为。一个人的情绪特征也与其从众行为有关。有的人对于社会舆论忧心忡忡，一感到社会舆论的压力就很快发生从众行为。

第二单元　服　　从

一、定义

服从是指在他人直接命令下或社会规范下做出某种行为的倾向。很多时候人们会服从地位高的人或权威的命令，如父母、老师、警察、上司等。除了对他人的服从之外还有规范服从。社会靠规范来维持，规范靠服从执行。政策法规、组织纪律、约定俗成的惯例，都是人们必须服从的。对权威和规范性的服从也是一个人适应良好的重要标志。

服从和从众虽然都是社会影响下的产物，都是因为压力而导致的行为，但两者有诸多不同。首先，压力来源不同。服从的压力来源于外界的规范或权威的命令，从众的压力实际来源于个体的内心，从众是为了求得心理上的平衡。其次，发生方式不同。

服从是被迫发生的，带有一定的强制性；从众是自发的，外界并没有强迫或命令个体必须如何做。最后，造成的后果不同。不服从往往会使个体受到惩罚，而不从众只会引起内心的不安和失衡。当然，人的行为是复杂的，很多时候服从和从众相互交织，并不能截然分开。

二、影响服从的因素

（1）命令者的权威性。命令者的权威性越高，越容易导致服从。职位较高、权力较大、知识丰富、能力突出等，都是构成权威影响的因素。另外，命令者手中如果掌握着奖惩的权力，也会使服从行为大大增加；个体越靠近权威，越容易发生服从行为。

（2）服从者的道德水平和人格特征。在涉及道德、法规等问题时，人们是否服从权威还与他们的世界观、价值观密切相关。有研究表明，个人道德的发展水平直接与人们的服从行为有关。另外，具有权威主义人格特征或倾向的人，往往十分重视社会规范和社会价值，主张对于违反社会规范的行为进行严厉惩罚；他们往往追求权力和使用强硬手段，毫不怀疑地接受权威人物的命令，表现出个人迷信和盲目崇拜；同时他们会压抑自己的情绪体验，不敢流露真实的情绪感受。

第三单元 顺 从

一、定义

顺从是指在他人的直接请求下按照他人的要求做的倾向，即接受他人请求，使他人请求得到满足的行为。在生活中，人们经常向他人提出种种要求，希望他人顺从自己的观点和行为，而人们自己也经常顺从他人的意愿。所以，顺从是一种人与人之间发生相互影响的基本方式之一。顺从他人请求的主要原因可能与维护群体一致、希望被人喜欢、维护既有关系有关。

顺从和从众的区别在于：顺从是他人的直接请求下做出的，而从众并没有他人的直接请求，从众来自一种无形的群体压力。顺从和服从的区别在于：顺从是非强制性的，而服从来自他人的命令或规范，带有某种强制的特征；命令者与服从者之间往往存在着规定性的社会角色，如老师与学生、上级下下级的关系等，而请求者和顺从者之间并没有规定性的社会角色关系的束缚，各种人际交往中者可以产生顺从行为。顺从是一种比服从更为普遍的社会影响方式。

二、影响因素

（1）积极的情绪。情绪好的时候人们顺从的可能性更大，尤其是要求做出助人行为时。这是因为人们心情好时，更愿意也更可能参与各种各样的行为。另外，好的心情会激发愉快的想法和记忆，而这些想法和记忆会提升人们对请求者的好感程度。由于好的心情有助于增加顺从，所以人们经常会在向他人提要求之前先给别人一点好处，这种策略被称为讨好，预先讨好和奉承对增加顺从十分有效。

（2）强调顺从行为的互惠性。在社会规范中，互惠规范对顺从的影响也不小。互惠规范强调一个人必须对他人给予自己的恩惠予以回报，即如果他人给了我们一些好处，我们必须相应地给他人一些好处。这种规范使得双方在社会交换中的公平性得以保持，但同时也变成了影响他人的一种手段。

（3）合理原因的效果。人们对他人的顺从也需要合理的原因，当他人能给自己的请求一个合理解释的时候，人们顺从的可能性也越大。这可能是，人们习惯于对他人的行为寻找原因，并且也相信他人不会提出不当的要求。

三、促进顺从的技巧

（1）登门槛技巧，又称"得寸进尺"效应。是指先向对方提出一个小要求，再向对方提出一个大要求，那么对方接受大要求的可能性会增加。有学者认为这与个体自我知觉的改变有关。接受小的要求改变了个体对自己的态度，一旦同意了别人的要求，人们对自我的形象可能会发生变化，认为自己属于参与活动的人，随后出现的大要求，他们就更愿意服从。个体态度的改变减少了对以后类似行为的抗拒。

（2）门前技巧。门前技巧与登门槛技巧相反，是先向他人提出一个很大的要求，在对方拒绝之后，马上提出一个小要求，那么对方接受小要求的可能性会增加。研究表明，当人们拒绝了别人的一个要求后，会愿意做出让步，给别人留一点面子，使别人获得满足，因此这一技巧又称为"留面子效应"。

（3）低球技巧。是指向他人提出一个小要求，别人接受了小要求后再马上提出一个别人要付出更大代价的要求。低球技巧和登门槛技巧都是先提出小要求，再提大要求，但两者之间是有区别的。登门槛技术的两个要求之间有时间间隔，而且两个要求之间没有直接联系；而低球技术的两个要求之间有时间间隔，而且有密切联系，是围绕同一件事情提出的。

（4）折扣技巧。是指先提出一个很大的要求，在对方回应之前赶紧打折扣或给对方其他好处。和门前技巧不同的是，在折扣技术中不给对方拒绝大要求的机会，通过折扣、优惠、礼物等方式诱导对方接受这一要求。

（5）引起注意技巧。是指一种新生又有趣的使人服从的技巧。这种技巧建立在这样的观念之上：人们有时会在没有对要求进行思考之前就拒绝了该要求。这时，人们只有采取新奇的方式，才能激发目标人群的兴趣。

第四单元　侵犯行为与利他行为

一、侵犯行为

1. 定义

所谓侵犯行为是指个体违反了社会主流规范，试图伤害或危害他人的行为。可以从下列方面判断个体的行为是否属于侵犯行为：

（1）行为发生的社会情境。任何行为都发生在一定的社会情境或环境之中，环境的特点可以提供理解行为者的动机和意图线索。

（2）行为者的社会角色。老师训斥学生通常不会被认为是有意的侵犯，因为老师具有受人尊重的社会地位，其对学生的教育或训斥是受社会认可的。

（3）行为发生前的有关线索。某人开车把路人撞成重伤，如果两个人之前不认识，人们通常会认为这场车祸只是个意外；相反，如果两个人不但认识而且关系紧张，别人难免会猜测是否是故意伤害。

（4）行为者的身份特性。经济地位、性别、种族背景、教育程度及职业地位等，也可以作为判断行为者动机的线索。

2. 侵犯行为的类别

根据侵犯行为的方式不同，可以划分出言语侵犯和动作侵犯。言语侵犯是使用语言、表情对别人进行侵犯，例如讽刺、诽谤、谩骂等；动作侵犯是指使用身体的特殊部位（例如手、脚）以及利用器具对他人进行侵犯。

按照侵犯者的动机，侵犯可以分为报复性和工具性侵犯。报复侵犯是指侵犯者只是想让受者遭遇不幸，目的在于复仇或教育对方；工具侵犯是指侵犯者为了达到某种目的，只是把侵犯行为作为达到目标的一种手段。

3. 理论解释

（1）挫折-侵犯理论。所谓挫折是指当一个人为实现某种目标而努力时遭受干扰或破坏，致使需求不能得到满足的情绪状态。美国心理学家多拉德提出，人的侵犯行为是因为个体遭受挫折而引起的，这便是挫折-侵犯理论。这项理论的主要观点为，侵犯是挫折的一种后果,侵犯行为的发生总是以挫折的存在为先决条件;反之,挫折的存在也必然会导致某种形式的侵犯。

后来一些学者对挫折-侵犯理论进行了修正。米勒认为,挫折作为一种刺激,可以引起一系列不同的反应,侵犯行为只是其中一种形式而已。挫折的存在,不一定会导致侵犯行为,但是,侵犯行为肯定是挫折的一种结果。

(2)社会学习理论。社会学习论者对挫折-侵犯理论做出修正,认为挫折或愤怒情绪的唤起是侵犯行为增长的条件,但并非是必要条件。对于已经学到采用侵犯态度和侵犯行为以对付令人不愉快处境的人来说,挫折才会引发侵犯行为。班杜拉认为,个体从观察他人的侵犯行为到做出侵犯行为需要三个必要条件:第一,有一个榜样表现侵犯行为;第二,榜样的侵犯行为被定义为合理的行为;第三,观察者处在与榜样表现侵犯行为相同的情境内。

4. 侵犯行为的转移与消除

(1)宣泄。弗洛伊德认为,侵犯是一种本能,是人与生俱来的驱动力。每个人都有一个本能的侵犯性的能量储存器,人们应当不断以各种适当方式使侵犯性能量从储存器中发泄出来。如球类活动、打拳、游泳以及培养人与人之间积极的情感联系等,还可以适当地表现一些侵犯的行为和举动;否则侵犯性能量滞存过多,后果将不堪设想。

(2)习得的抑制。习得的抑制是指人们在社会生活中学到的对自己侵犯行为的控制,主要包括以下几个方面:①社会规范的抑制。一个人在社会化过程中,会逐步懂得哪些事情可以做,哪些事情不可以做。②痛苦线索的抑制。痛苦线索是指侵犯者受到伤害的状态。这种状态可能会导致侵犯者的一种情绪唤起,使他把自己置身于受害者的地位,设身处地体会受害者的痛苦,从而抑制自己不再进一步攻击侵犯。③对报复的畏惧。当某人知道,自己伤害他人后其他人会加以报复的话,他在一定程度上会抑制自己的侵犯行为。

(3)置换。某人由于另外一个人的阻碍而遭受挫折和烦恼,但又不能还击他,因为那个人的地位、权威或其他原因。在这种情况下,他会通过置换对象的方式,侵犯那些与制造挫折者相似的人,来满足自己的需求。

(4)寻找替罪羊。当个体感受到挫折,但不明白挫折的来源时,这时会倾向于寻找一只"替罪羊",从而把自己的不幸归咎于他人,并通过对他人的攻击,来发泄自己的愤怒和不满。

二、利他行为

1. 定义

所谓利他行为是指对别人有好处,没有明显自私动机的自觉自愿的行为。利他行为的特征是：第一，以帮助他人为目的；第二，不期望有精神或物质的奖励；第三，自愿的行为；第四，利他者可能会有损失。

2. 利他行为的唤起

心理学研究证明，无论是什么事件，如果人们将其判断为紧急的，就有可能给予帮助，事件被认定的紧急程度如何，决定了旁观者给予帮助的可能性大小。因此，紧急情况是利他行为唤起的决定性因素之一。另外，求助者的需要也是重要的因素之一，但是，助人者是否有能力提供有效的帮助，也会影响他助人与否的决策。如果说求助者的困境严重到没有办法能够帮助他的话，那么，旁观者很可能不会提供帮助；反之，如果旁观者感到有能力帮助求助者，就很有可能给予实际的帮助。

研究表明，当人们遇到有人求助的情况时，如果当时的心情好，就会更愿意给予帮助，积极的心情可以增加利他行为的可能性。那么哪些因素会影响到人们的心情的好坏呢？研究结果表明，刚刚得到某种奖励、由于某种成功而获得了自信感、刚看过一部喜剧或悲剧、刚刚听到某些好的或坏的消息、对幸福或伤心往事的回忆等因素都会影响心情。显然，如果我们想从利他行为中得到好处（例如，听到别人感谢自己的话或增强自己的自尊心等），那么，求助者自身的不幸就能促进利他行为，这证明了幸运的人愿意与人分享他的快乐，不幸的人想得到别人的帮助而不想给予。

3. 利他行为的学习和模仿

按照传统的学习理论，利他行为是通过强化建立的。儿童帮助母亲干家务活、将好吃的东西留给别人，或在别人难过时试图进行安慰，父母可能会用赞扬的话、糖果甚至钱来奖励他们，父母对他们的赞扬就是一种社会性强化。同样，如果儿童不愿意帮助别人则会受到父母的指责甚至处罚。按照学习理论，儿童将重复那些已经得到过奖励的利他行为，并去除自私行为，这就是强化的作用。

一些研究表明，年龄很小的儿童在他们因某些偶然的利他行为而得到物质奖励后也会再重复这些行为。对学龄前儿童的研究也表明，在没有奖励的情况下利他行为消失得很快。而另外的一些研究则指出，年龄较大的儿童和成年人即使在没有受到奖励的情况下也会持续出现利他行为。这表明，成年人的利他行为已经习得并且较少掺杂个人的自私动机。班杜拉等人认为，当人们得到他人的第一次奖励之后就会对自己的行为进行强化，他们开始自我欣赏这种行为。因此，强化也包含做成一件好事的满足感。

第五节 人际关系

第一单元 人际关系概述

人际关系是人们在共同活动中彼此为寻求满足各种需要建立起的心理关系。

一、人际关系产生的社会心理学基础

1. 亲和需要

阿特金森等认为，影响人们社会交往的动机有两种：一种是亲和需求，是一个人寻求和保持许多积极人际关系的愿望，即人们有需要和他人相伴的倾向；另一种是亲密需求，是人们追求温暖、亲密关系的愿望。

社会心理学家对影响亲和需要的因素进行了深入研究，发现亲和与恐惧、焦虑等密切相关。沙赫特提出了"面临恐惧的人具有更强烈的亲和行为倾向"的观点；而沙诺夫等人通过实验研究得出，焦虑会减少亲和需求。

2. 人际关系的回报

随着成长，人的社会需要变得越来越复杂和多样。通常人们会与那些在一起有乐趣、能够获得帮助、强有力的或接受自己的人形成关系。这些关系能够给人们带来好处。社会交换理论指出人们通过社会交换获得心理与物质奖赏，因此人们会尽量寻求并维持奖赏大于付出的人际关系。人们从关系中获得好处是人际关系形成与维持的一个重要原因。人际关系能提供给个体6种重要回报：

（1）依恋：指亲密的人际关系提供给个体的安全感和舒适感，这种依恋小时候指向父母，成人后则针对配偶或亲密朋友。

（2）社会融和：通过与他人交往，并与他人拥有相同的观点和态度，产生团体归属感。通常从与朋友、同事等关系中获得。

（3）价值确定：得到别人支持时所产生的自己有能力有价值的感觉。

（4）可靠的同盟感：通过与他人建立良好的关系，让人们形成在需要时会有人帮助的认知。

（5）得到指导：与他人交往可以使人们从他人那儿获得有价值的指导。

（6）照顾他人的机会：在人们对他人健康负有责任时出现，照顾某人给人一种被需要和自我重要的感觉。

3. 摆脱寂寞

人们与他人交往的第三个原因是摆脱寂寞。寂寞指当人的社会关系欠缺某种重要特征时所体验到的主观不适。很多时候,寂寞是因生活变化使人离开朋友或亲密伙伴而引起的。通常能够引起孤独感的情境包括搬到新的城市、离开学校、开始一份新工作、不能和朋友或心爱的人见面、结束一段重要的关系等。虽然有些情形摆脱寂寞很困难,但大多数人最终能从情境造成的寂寞中恢复过来,重新建立满意的社会关系。严重的寂寞与一系列个人问题有关,包括抑郁、物质滥用、身体疾病、学业成绩差等。

二、人际关系的建立和发展

1. 人际关系的状态

莱文格等人把共同的心理领域和情感融合范围作为描述人际关系的指标。良好的人际关系需要经过一个从表面接触到亲密融合的发展过程。在两人彼此都没有意识到对方存在时,双方关系处于零接触状态。此时,双方是完全无关的,没有任何意义上的情感联系。只有一方开始注意到对方,或双方相互注意时,人们之间的交往才开始,彼此之间都获得了初步印象,不过这种状态并没有情感的卷入,这时处于知晓状态。直接接触才是人际关系的开始,从双方直接交谈时起,彼此就产生了直接接触。当然这种接触还是表面的,随着双方交往的深入和扩展,双方的心理世界也逐步被发现。共同点越多,双方之间的认同、接受和信任的程度就越高,情感融合的程度也就越高。

2. 人际关系的发展过程

个体通过把有关自己的个人信息告诉他人、与他人共享内心的感受和信息发展人际关系——自我暴露是人们与他人发展亲密关系的重要途径。奥尔特曼等人以暴露的程度作为衡量人际关系深度的参考指标。他们认为,良好人际关系的建立和发展,从交往由浅入深的角度来看,一般需要经过定向、情感探索、感情交流和稳定交往四个阶段。

(1) 定向阶段。这一阶段包括获得交往对象的注意、抉择和初步沟通等心理活动。

(2) 情感探索阶段。这一阶段是为了探讨彼此之间共同的情感领域,进行了角色性的接触,而不是仅仅停留于一般的正式交往模式。随着双方共同的情感领域的发现,双方的沟通会越来越广泛,自我暴露的深度与广度也逐渐增加。

(3) 情感交流阶段。发展到这一阶段,双方关系的性质开始出现实质性的变化。彼此的安全感和信任感已经确立,沟通交往的内容涉及自我的许多方面,并有中度的情感卷入。

(4) 稳定交往阶段。随着交往接触次数的增加,人们心理上的共同点会进一步增加，并伴有深度的情感卷入，自我暴露也更深刻、广泛。

第二单元　人际关系理论

一、三维理论

舒茨提出了人际关系的三维理论。他认为每个人都有与别人建立人际关系的愿望和需要，只是有些人表现得明显些，有些人表现得不明显。这些需要大致分为三类：包容需要、控制需要和情感需要。每个人都有三种最基本的人际需要，而且每一类需要都可以转化为动机，产生一定的行为倾向，建立一定的人际关系。

1. 包容需要

包容需要指个体想与他人建立并维持一种满意的相互关系的需要。这种需要得到满足之后，个体就会产生沟通、相容、相属等肯定性的行为特征；反之，就会产生孤立、退缩、排斥、忽视等否定性的行为特征。

2. 控制需要

控制需要指个体控制他人或被他人控制的需要，即个体在权力问题上与他人建立并维持满意关系的需要。这种需要得满足后，个体会形成使用权力、权威、影响、控制、支配、领导等行为特征；反之，形成抗拒权威、忽视秩序、受人支配等行为特征。舒兹把个体的行为分为拒绝型、独裁型和民主型。拒绝型倾向于谦逊、服从，在与他人交往时拒绝权利和责任；独裁型则好支配、控制他人，喜欢最高的权力地位；民主型能顺利地解决人际关系中与控制有关的问题，能根据情况适当地确立自己的地位和权力范围，是最好的行为类型。

3. 情感需要

情感需要指个体爱他人或被他人所爱的需要，即个体在与他人的关系中建立并维持亲密联系的需要。这种需要得到满足之后，个体就会产生同情、喜爱、亲密等行为特征。反之就是冷淡、疏远、厌恶、憎恨等行为特征。舒兹同时划分了三种情感行为类型，即低个人行为、超个人行为和理性的情感行为。低个人行为表现为避免主动、亲密的人际关系，因为担心自己不受欢迎，不被喜欢；超个人行为表现为希望与别人建立亲密联系的迫切愿望，表现出过分的热情和主动；理想的情感行为是对自己的人际关系状态有正确地认识和评价，有良好的自信心和社会交往技能。

二、社会交换理论

社会交换理论认为人与人之间的交往本质上是一个社会交换过程。这种交换不仅涉及物质交换，同时也包括非物质品，如情感、信息、服务等方面的交换。人们如何看待与他人的关系主要取决于人们对生态系统中回报与成本的评价和体验。社会交换理论认为，人们所知觉到的一段关系积极或消极的程度取决于：①自己在关系中所得到的回报；②自己在关系中花费的成本；③对自己应得到什么样的关系和能够与他人建立一个更好的关系的可能程度。总之，我们总是希望以最小的代价换取最大的回报。

三、公平理论

公平理论认为，人们并非简单地以最小代价换取最大利益，同时还要考虑关系中的公平性，即关系双方贡献的成本和得到的回报基本是相同的，公平关系才是最稳定、最快乐的关系。根据公平理论，在过度受益和过度受损的关系中，交往双方都会对这种关系感到不安，且双方都有在关系中重建公平的动机。很容易理解过度受损的一方会不开心，但研究表明，过度受益的个体也会感到烦恼。研究者认为可能的原因是，公平是一个强有力的社会标准，因此利益不均衡会让人不舒服，甚至感到内疚。

第三单元 人际吸引

一、基本原则

1. 互惠原则

大量研究表明人类关系的基础是人与人之间的相互重视和相互支持，就像中国人常说的"礼尚往来"。这种人际交往中的相互性在日常生活中随处可见。当一个人对对方表示友好、热情等积极的交往方式时，如果对方也给予相应的积极回馈，那他们之间就会形成良好的人际互动关系，认为双方都有吸引力。相反，如果一方以冷漠、回避的方式对待另一方，这种消极性回馈会影响两人之间的继续交往，从而导致关系的破裂。

2. 增减原则

交往中别人对自己的评价有所改变时，很容易影响人们对那个人的喜欢程度。在人际交往中，人们对别人的喜欢，不仅取决于别人喜欢自己的程度，还取决于别人对自己喜欢程度的水平变化与性质。人们喜欢的是对自己的喜爱程度不断增加的人。阿伦森等人的研究发现从陌生人处所获得赞许往往比配偶的赞许更有吸引力。因为后者对自己的喜欢水平在一天天地降低，而前者由淡漠渐渐转向赞许。人们的这一心理倾向预示着友谊变化及发生爱情不忠的可能性。

3. 联结原则

人们喜欢那些与美好经验联结在一起的人，而厌恶那些与不愉快经验联结在一起的人。梅和汉密尔顿等人的一项研究证明了这种效果。研究方法是，用被试喜欢和不喜欢的音乐做背景，然后呈现陌生人照片，让被试评价对照片上的人的喜欢程度。当以被试喜欢的音乐为背景时，照片上的人往往被评定为吸引人的；当用被试不喜欢的音乐为背景时，照片上的人往往被评定为不吸引人的；而没有音乐背景时，吸引力的大小介于上述两种情况之间。

二、影响因素

1. 熟悉性

人际关系的由浅入深，是从相互接触和初步交往开始的，通过不断接触，彼此相互了解、相互吸引。可见，熟悉对人际吸引产生巨大影响。事实上只是经常看到某人，就能增强人对他的喜欢，这就是曝光效应，又称单纯接触效应。

2. 接近性

生活的时空性决定了人只能与空间距离接近的人有密切来往（互联网例外），距离越接近，交往的频率可能越高，越容易建立良好的人际关系。

3. 相似性

人们倾向喜欢在态度、价值观、兴趣、背景及人格等方面与自己相似的人。在恋爱交往或婚姻方面也发现，人们往往倾向于选择与自己相似的异性为伴侣。

4. 互补性

交往的互补性是指双方在交往过程中获得相互满足的心理状态。在日常生活中，也经常见到互补性吸引的例子。如依赖性强的人会被喜欢照顾别人的人所吸引，害羞的人会喜欢外向而好交际的人，等等。

5. 个人特征

（1）能力。一般来说，人们喜欢那些有能力、聪明的人。因为与能力非凡的人交往，可以学到许多知识和经验，获得更多的好处。但是，当一个人的能力与个体的差距很大，让个体感到可望而不可及时，这种差距就会变成一种压力，促使个体敬而远之。

（2）外表吸引力。当其他条件相同时，人们更喜欢漂亮、有魅力的人。外貌之所以具有如此强的影响力，其中的一个原因是光环效应的存在，人们认为好看的人也会有其他优秀品质，如聪明、大方、更善于社交等。另一个原因就是"美丽的辐射效应"，即人们认为让别人看到自己和特别漂亮的人在一起，能提高他们的社会形象，就像对方的光环笼罩着自己一样。

(3) 个性品质。一般地，人们总是愿意与具有优秀品质的人进行交往。与这些人交往使人们具有安全感，同时可以得到回报。研究表明，得到人们评价最高的是与"真诚"相关的一些品质，包括真诚、诚实、理解、忠诚、真实等，而评价最低的则是说谎、虚伪、作假、邪恶、冷酷、不诚实等。由此可见，真诚是影响人际吸引的重要个性品质。

另外，热情也是决定喜欢的一个特别重要的品质。因为热情能影响人们对他人形成第一印象的主要物质。当人们喜欢外部事物、赞美它们时，他们看起来很热情。也就是说当人们对人或对物有积极的态度时，他们显得热情。相反，当人们不喜欢外部事物，认为它们很可怕，并且十分挑剔时，他们就显得冷酷。

(4) 致命吸引力。人们交往中，最初吸引人们的某人身上的个人品质有时却可能成为两人关系中最致命的缺陷。菲姆利在"致命吸引力"研究中发现，学生恋爱关系分手的原因，正是当初吸引他们的外貌、和对方在一起感到愉快、对方体贴、有能力、两人兴趣相投这些致命的吸引力。研究表明，当个体被另一个人所具有的独特的、极端的或和自己很不同的特点吸引时，更容易出现这种"致命吸引力"。

第四单元　人际关系的改善

一、对待不满的策略

当人们对人际关系感到不满时，往往采取四种应对方式，这四种方式与人们对关系的满意度与承诺水平有关，满意感越高、承诺水平越高则这种关系越难终止，这四种方式分别是：

(1) 真诚。表现为被动地去弥合双方出现的裂痕，采用这种策略的人由于害怕对方的拒绝行为，所以很少说话，往往是耐心地等待、祈求，希望自己的真诚能使对方改变。

(2) 忽视。许多男性经常采取的一种消极策略，他们会故意忽略对方，与对方在一起的时候经常在一些与所探讨问题无关的话题上挑剔对方的缺点。这种策略经常被那些不知如何处理自己的消极情绪，或不想改善但也不想终止关系的人使用。

(3) 退出。当人们认为没有必要挽回关系的时候，人们常常用这种方式。它是一种主动的破坏性的应对方式。

(4) 表达。双方讨论所遇到的问题、寻求妥协并尽力维持关系，这是一种主动的建设性的方式。

二、建设性争吵

世界上没有一种长久的关系是长期和平的。分歧、争吵、区别又融合是一切令人满意的关系的恒定特征。为此，人际关系双方应懂得争吵是关系存在的一部分，为了维持融合的关系，双方必须学会建设性地应对可能会发生的冲突。

心理学家把争吵分为破坏性争吵和建设性争吵，并指出争吵时不要做的事：①一味道歉，不分谁对谁错；②对所争吵的问题沉默或置之不理；③假借他人之口贬低对方；④引出与争吵无关的问题；⑤为了和谐违心同意他人的观点；⑥间接批评或攻击他人重视的事件；⑦威胁他人将会遇到意外的麻烦。

建设性的争吵是：①弄清所争吵的事情，就事论事；②表达积极或消极的情绪；③说出自己同意什么，反对什么；④提出一些能使对方表达关心的问题；⑤等待自然的和解，而不要妥协；⑥提出一些能增进双方关系的积极建议。

三、T小组训练

人际关系的改善不仅是一个理论问题，更是个实践问题。T小组训练就是一种常见的改善人际关系的方法。实践证明，T小组训练是一个能有效改善人际关系的方法，参加T小组训练的人会形成更大的内部控制力的倾向，以及增加对他人的信任感等。

T小组训练（又叫"敏感性训练"）是美国社会心理学家勒温创建的，其目的是让接受训练者学会怎样有效地交流，细心地倾听，了解自己和别人的情感。其通常的训练方法是把10多名受训者集中在一起，最好远离工作单位，由心理学专家来主持训练，时间为1~2周。在这个小组里，成员没有解决任何特殊问题的意图，也不想控制任何人，人人以诚相见，坦率地交谈，交谈的内容只限在"此时此地"发生的事件。这种限定在狭窄范围里的自由讨论，逐渐使受训者陷入不安厌烦的情绪当中。所谓"此时此地"的事件，实际上就是人们的这些心理状态和心理活动。随着这种交谈的进行，人们逐渐更多地注意自己的内心活动，开始更多地倾听自己讲话。同时，由于坦率地交谈，个体也开始发现原来自己没有注意到的他人的语言和行为。经过一段时间的训练之后，受训者会发现自己的内心世界，发现平时不易察觉的或者不愿意承认的不安和愤怒。另外，由于细心倾听他人的交谈，受训者也会逐渐能够设身处地地体贴他人，理解他人。

第五章

家庭亲子教育

第一节 家庭亲子教育的概述

第一单元 概念与重要性

一、家庭亲子教育的概念

1. 家庭教育

家庭教育是指包括怀孕期间以及孩子出生后,家长根据国家、民族、社会的需要和家庭的要求,对子女实施的有目的、有影响的教育活动。家庭教育包括两个方面:①父母直接对孩子或请他人对孩子有目的、有计划地施行影响的过程;②家庭环境,即父母、祖父母、叔伯、兄弟姐妹等构成的氛围对孩子潜移默化的影响。人们常说某人的家教好或某人的家教差,主要是指以上因素在孩子身上的综合体现。

苏联著名教育学家苏霍姆林斯基曾把儿童比作一块大理石,他说,把这块大理石塑造成一座雕像需要六位雕塑家:①家庭;②学校;③儿童所在的集体;④儿童本人;⑤书籍;⑥偶然出现的因素。从排列顺序上看,家庭被列在首位,可以看得出家庭在塑造孩子的过程中起到很重要的作用。

2. 亲子教育

亲子教育是以亲缘关系为主要维护基础的教育，是看护人与孩子之间的以互动为核心内容的亲子关系。所以亲子教育是以孩子身心健康、潜能开发、性格培养、习惯养成为目标，同时以提高孩子综合素质为宗旨的一种特殊形态的早期教育。具体地说，亲子教育作为一种新型的、科学的家庭教育模式，强调父母与孩子在情感沟通的基础上实现双方互动，针对父母与孩子关系的协调对父母进行培训与提升，使父母和孩子能够更好地沟通。亲子教育与一般意义上的家庭教育、幼儿园教育、小学教育有很大不同。它是以脑科学发展为基础，推行从 0 岁开始教育的观念，打破以往那种幼儿（0～3 岁）只要吃得饱、吃得好的养育观念，强调全程教育、全程发展，形成早期性格和各种能力、习惯。

3. 家庭教育与亲子教育的关系

亲子教育是家庭教育的关键部分。而家庭教育是区别于学校教育和社会教育的另一个重要的教育组成部分。值得注意的是，家庭教育不仅是关于孩子的成长教育，更是父母自身的再学习。而家庭教育在一定时期内应该围绕亲子教育这个主体展开。一般我们说的"家庭教育"它的对象是家里的未成年人，就是说这个家庭选择用什么样的方式和目标来教育未成年人；而"亲子教育"强调的是亲子关系的修正，教育的对象更多的是指孩子的父母。因为家庭当中的亲子关系，是以家长为主导的互动关系，亲子关系的好坏首先取决于家长采用的互动方式。

二、家庭亲子教育的重要性

俗话说："一岁看小，三岁看老，七岁定终生。"由此可见，早期教育对一个人的成长是多么的重要。早期亲子教育是 20 世纪末期在美国、日本等地兴起的一种新的教育模式。它强调父母、孩子在平等的情感沟通的基础上双方互动，涵盖了父母教育和子女教育两方面。通过对父母的培训和提升而达到对亲子关系的调适，从而更好地促进儿童身心健康和谐地发展。

父母是孩子的第一任老师，也是孩子最早接触的人，可见家庭教育是非常重要的。家庭教育是家庭承担的社会责任中最重要的一环。每一个人的社会化，不仅需要家庭的哺育，更需要家庭的教养。人们都是在家庭中学会走路，学会说话，学会行为规范，学会生活自立的；在家庭中获得身体的发育，心理的发展，个性的形成，社会生活基本技能的掌握。家庭不仅为儿童提供了最初的游戏、学习场所，而且引导他们从游戏过渡到学习，再从学习过渡到社会劳动。这种引导，就是家庭教育。

第二单元 影响亲子教育的家庭因素

一、父母的能力结构

古人云:"养不教,父之过。"家庭是孩子的第一学校,父母是孩子的第一任老师。现在的家长普遍受教育程度高,但文化程度高不一定就拥有良好的教育能力,事实也证明,在许多高学历的家庭中反而存在诸多的教育欠缺、误区。家长教育结构的完善与否直接决定着亲子关系的建立与亲子教育的结果。提高家长的教育素质,优化家长的教育能力结构在亲子教育上非常重要。

表5-1 家长的教育能力结构

分类	内容	作用
观察能力	家长观察孩子的能力,即家长用眼睛去看孩子、用耳朵去听孩子的能力。	增加了解孩子的机会,从中发现孩子与同伴的异同点,能帮助家长掌握指导孩子观察身边的人和物的科学方法。
合作能力	家长与幼儿园老师配合、协作的能力。	有助于家庭与幼儿园教育一致性的增强和幼儿发展水平的上升。
指导能力	家长利用各种教育资源,引导、帮助孩子获得发展的一种能力。	加快孩子的成长步伐。
动手能力	家长凭借自己的双手进行操作和创造的能力,这种能力的培养是通过动手实践获得的。不同家长的动手能力不同,同一个家长在使用不同的手部肌肉进行活动的时候,所表现出的水平也是不同的。	勤于动手的家长会和孩子一同劳动,一同品尝劳动成果,体验劳动的快乐。还能给孩子示范,和孩子一起互动一起合作完成某些活动,会很好地促进亲子关系的发展。
游戏能力	家长能够以游戏角色的身份、口吻和孩子进行对话和活动的能力。	感受到游戏活动的乐趣和童年生活的美好,游戏的潜能也就逐渐得到了开发,亲子关系也会在不知不觉中得到培养。
组织能力	家长积极策划、合理安排、努力开展教育活动的能力,它受到活动的性质、规模、时间和空间以及幼儿发展水平等多种因素的制约。	孩子在潜移默化中学会组织和管理的艺术。
自我教育能力	家长自己教育自己的一种能力,它与家长的文化水平、知识结构、自学能力、教育素养等因素都有着密切的关系。	家长树立了榜样,孩子就会萌发向家长学习的愿望。

(续)

分类	内容	作用
表演能力	家长进行文艺表演和艺术创造的能力。	家庭中可以开展形式多样的娱乐活动，寓教于乐，对孩子心灵的陶冶、人格的养成都会起到促进作用。
交往能力	家长运用语言的(口头语言、书面语言)和非语言的(手势、体态、面部表情)方式与他人沟通的能力，它受到家长个性特征、自信心、成就感等因素的影响。	能帮助孩子建立人际关系，实现良好沟通。
管理能力	家长能规范活动时间、内容、效果等方面的能力。	教会孩子自己管理自己。

二、家长的教养方式

1. 专制(反对)型父母

这类父母对孩子的负面情绪非常不满，一旦出现，就给予严厉的谴责，打骂或惩罚，导致孩子非常的恐惧或悲哀。此类父母往往把注意力放在孩子发泄情绪的行为上，而不去探究孩子产生这些行为的真正原因。例如，一位母亲见女儿又哭又闹，不分青红皂白地揍了孩子一顿，却不耐心听取女儿哭闹的真正原因。

2. 疏忽型父母

此类父母不能正确面对孩子的负面情绪，往往采用不理睬或冷淡处理的方式来应对孩子的烦恼、挫折或悲伤，把孩子由于某种问题或事情所引起的负面情绪及感情简单化、缩小化或弃置一旁，使孩子得不到慰藉与理解。

3. 放任型父母

此类父母完全"包容"孩子的情绪情感体验与行为表现，不管是积极的还是消极的。其实质是缺乏指导孩子面对和处理负面情绪的知识与能力，表现为"不干涉"的"鸵鸟策略"。

4. 情绪辅导型父母

此类父母会接受孩子的情绪情感以及与其相关联的一系列行为表现，他们不会忽视或否认孩子的感受，也不会因孩子的情绪表现不佳而取笑他们，这种类型的父母是孩子情绪情感发展的辅导员。

情绪辅导型父母会关注自己所有情绪情感和孩子所具有的情绪情感，包括负面的情绪，诸如忧伤、愤怒、恐惧、焦虑等在生活中的影响作用。在孩子出现负面情绪时不抱怨，并且很重视。当孩子愤怒、伤心、恐惧、焦虑时，他们表现出更多的耐心，更愿花时间去与哭闹或极度焦虑的孩子相处。在规范孩子的行为时，教导他们以非破坏的方式表达自己的愤怒情绪。除了给予孩子情绪辅导外，还给予具有建设性意义的惩罚。这样，父母与子女之间更具亲和力与结合力，孩子对父母的要求与期望也会做出积极的反应，孩子往往把父母视为知心朋友。

三、家庭心理氛围

1. 含义

家庭心理氛围是洋溢在家庭这一特定环境中，以家长的情绪感染为核心，通过家庭的物质生活条件、人际关系、生活方式、文化素养等反映出来的由家庭成员的感情、兴趣、爱好、态度、行为等综合而成的心理氛围，表现为个性化的家庭情调和气息。影响家庭心理氛围的因素有家庭外部因素，如社会价值氛围、物质环境、社会关系等；也有家庭内部因素，如家长人格、经济条件、家庭关系等。

2. 作用

良好的家庭心理氛围有助于家庭成员之间的"心理相容"，使家庭的每一个成员感到温暖，从而使家庭人与人之间保持一种和睦的关系，避免心理冲突、代际鸿沟及其带来的不良后果。

良好的家庭心理氛围是实施良好家庭教育的保证，对孩子认知、情感、个性健康的和谐发展起到一种潜移默化的作用。儿童主要通过家庭的潜移默化形成自身的社会经验，即使是社会的教化，也是通过父母的言行，以非正规的方式进行。在良好的家庭心理氛围的制约下，才能最大限度地促进孩子社会化所必需的重要品质——主动精神、责任心、独立性、好奇心和积极性等。

此外，良好的家庭心理氛围能减少和缓解因生活或外界环境恶化而引发的各种家庭问题，满足精神需求。

四、家庭中的人际交往

家庭中的人际交往是指家庭成员之间的相互作用和影响，尤其表现在亲子关系和夫妻关系上。这里主要讲述亲子关系。

亲子关系对儿童的心理健康发展和良好行为习惯的养成有直接的影响，较多的亲子交流不但能加深亲子情感，有利于孩子语言理解和表达能力，同时也是维护孩子健康情感的关键因素，是最有效的教育途径之一。良好的亲子关系有助于获取知识和信息、促进儿童社会化的进程、增强心理保健、促进儿童自我意识的发展、密切亲子关系。

随着社会竞争日益激烈，生活节奏加快，父母忙于工作、学习和进修，无暇照顾孩子，只能把孩子交给老人或保姆照看。导致现在越来越多的家长与年幼的子女缺少接触和互动，在一定程度上增加了孩子产生心理问题的概率。

在亲子沟通的过程中，父母是主导者，是示范者。孩子怎样与人交往，归根结底源于家庭中的亲子沟通：①父母的自我状况会影响与孩子的沟通。父母的自我状况包括自我价值、从小成长的环境、婚姻状况、理想、欲求，特别是父母的即时情绪状态和身体健康状况等。建立良好的家庭沟通，作为父母尤其要留意，当自己情绪不好或身体疲惫时，不要放大孩子的过错。随时注意整理自己的负面情绪，这是促进亲子、家人之间良好沟通的前提。②家庭中成年人之间的沟通状况会影响与孩子的沟通。一般而言，孩子与父母的沟通模式受家庭沟通模式的潜移默化的影响。无声沟通的行动远比有声沟通的语言更为有效。③父母对孩子行为表现的认知和解释影响父母和孩子的沟通，父母应该把孩子放在他这个年龄群体的背景中去认知他的行为表现。父母不要拿自己的孩子与别人的孩子过分攀比。因为即使同一年龄阶段的孩子，个体差异也是很大的。另外，即使同一个孩子，其本身各个方面的发展也是不平衡的。一个5岁的男孩，他的智力可能已经达到6岁的水平，而个性成熟却可能还不到4岁的水平。

第二节　亲子关系理论基础

第一单元　亲子关系及形成基础

一、含义

亲子关系是指儿童与父母之间结成的人际关系。亲子关系是家庭生活中主要的人际关系，也是儿童最初的人际关系。它是影响儿童认知、情感和人格发展的最基本的关系。

亲子关系有两个基本要素：一是接受-拒绝，接受即给孩子以爱，拒绝即拒绝孩子的爱；二是支配-服从，支配即随心所欲地支配孩子，服从即服从孩子的要求。这两种要素的结合会产生不同的亲子关系。例如：极端的接受和服从，父母过于娇惯孩子，使孩子养成依赖的习惯，凡事以自己为中心，不会考虑别人；极端的拒绝和支配，父母对孩子过于严厉，或家长随心所欲地支配孩子，这样孩子会产生自卑感，不敢放开手脚，缩头缩尾，没有主见。对于亲子关系的两种基本要素，不能简单地认为某一种关系是好或坏，而应取各自对孩子性格影响好的方面，避免走向极端。

二、亲子关系形成的基础

从第一次呼吸的那一刻开始，婴儿就已经在和父母互动了。婴儿在早期与成人的互动中发展出自尊，冲婴儿笑和抱婴儿的照顾者有助于让婴儿体会到被珍惜和被爱护的感觉，而对婴儿行为冷漠的照顾者则奠定了孩子感觉不被爱和不被珍惜的心理基础。婴儿也在这个时间开始发展人际信任。人际信任是一种认为人们是值得信任和可以依靠的信念。这种信念是依恋风格的发展基础。依恋风格在生命中如此早地就得到塑造，并对成年生活有很大的影响。

现代研究表明，一个人的基本态度、行为模式、人格结构在婴儿期的亲子互动过程中就已经奠定基础，再经其后的儿童期、青年期等身心发展的重要阶段逐渐形成个人的独特人格。亲子关系直接影响到子女的生理健康、态度行为、价值观念及未来成就。同时，亲子关系也关乎一个家庭的稳定。

三、亲子互动的风格——依恋类型

依恋是指婴儿和他们的主要的照顾者（多数为父母）之间的一种强烈的情感联系，这种联系为婴儿提供了重要的安全感。

依恋理论首先由约翰·鲍尔比提出，他确定了儿童与父母之间三种主要的依恋类型：安全型、回避型与矛盾型。安全型的孩子以信任对方，喜欢与他人保持亲近为特征。回避型依恋的孩子与父母的互动特别少，身心都得不到应有的关爱。因此，他们学会了抑制自己的需求，不依赖他人，看上去非常独立。他们觉得只有依靠自己才是最安全的，也因此而可能被看作是性格孤僻的人。他们更喜欢独自行动，有其他人在身旁时会感到不自在。

矛盾型依恋的孩子不知道父母何时会给予他们安慰和关注。因为他们相处的时间是根据父母的需求来安排的，孩子的需求不在父母考虑之列。孩子会变得焦虑，因为他们无法掌控这种联系。与父母之间的愉快的关系是不稳定的。当母亲或照顾者离开时，孩子会放声大哭，并焦躁不安。当母亲回来时，他们会生气，并且不容易被哄好。矛盾型依恋的成人的典型特征是对恋人的情感效用性缺乏，有一种强烈的而又不太满意与对方亲近的愿望。

此外，还有混乱型的依恋。混乱型依恋是由父母不稳定的情绪造成的，孩子长期与父母小心翼翼地相处和交流，他们长大后也不确定自己的社会关系，社交表现也显得混乱不稳定。

依恋理论认为，心理稳定和健康发展取决于人们的心理结构中心是否有一个安全基地。总的来看，安全型依恋是最好的依恋类型。非安全型依恋的儿童普遍表现出强烈的不安全感和内心冲突，这在很大程度上阻碍了他们对现实世界的理解以及对外界事物的认知和探究活动，阻碍了他们社会能力的发展。非安全型依恋的孩子中只有38%的人同伴关系良好。大部分非安全型依恋的孩子在青少年时期都有更多的社交焦虑问题，容易对自己、他人以及周围环境产生不良认知和消极体验，并影响与同伴和老师的交往，难以调节因社交困难而产生的挫败感。他们在成年期的婚姻质量也较差。

第二单元　不同阶段亲子关系的特点

一、孕期亲子关系

母亲是最早和孩子建立联系的对象。研究显示，亲子关系的建立最早开始于母亲怀孕期间。一项研究结果显示，体内铁成分过低的母亲在和孩子建立正常的母子关系方面会遇到麻烦。以往的研究表明，贫血妇女可能出现产后抑郁的情况更多，而身体缺铁会降低思考力和记忆力。

二、婴幼儿期亲子关系

婴幼儿时期的亲子关系主要表现为父母是孩子的依恋对象。大量研究表明，早期依恋对儿童心理尤其是社会性的发展存在不同程度的影响。

0～6岁是亲子关系建立的关键期，其中0～3岁是黄金期，一旦错过，日后将无法弥补。婴儿最初的情感依恋对象是母亲，因为婴儿与妈妈朝夕相处，从妈妈的呵护、哺乳和爱抚中产生最初的对外部世界的信任感和安全感。亲子依恋关系的建立，有利于孩子的身心成长，也有利于孩子长大后的社会情感发育。使孩子对别人充满爱心和信任。如果在这一阶段没有注意亲子依恋关系的建立。频繁地更换看护人或保姆，都可使亲子依恋关系不能正常稳定地建立，有可能影响孩子以后的社会情感发育，使其情感冷漠、性格孤僻，对外部事物缺乏信任。所以，在这一时期，母亲应尽可能地采取母乳喂养，母乳中含有代乳品无法供给的养分和抗体，母亲还尽可能地自己养育孩子，回应孩子的情感需求，孩子的每一声呼唤都期待着妈妈的回答，得到妈妈的回应，孩子会倍感兴奋。

此外，还要注意给孩子应有的父爱，许多爸爸认为养育孩子的主要责任由妈妈承担，爸爸只起辅助作用，这种想法会忽略对孩子的关爱。爸爸在与孩子接触时，要经常与孩子拥抱、对视、抚摸、亲吻孩子，抓住每次机会和孩子说话、游戏。

三、青春期的亲子关系

一般来说早期的亲子关系都比较和谐，而当孩子进入青春期时，母亲的年龄一般都已经接近40岁。研究表明，处于更年期的母亲与处于青春期的子女在面对双方的变化时出现了相对立的立场和态度，这时候的亲子关系很可能变得紧张起来。

首先，母亲和孩子在这一时期都对自己的身体表现出极大的关注。但是二者所经历的是相反的生理变化，因此会产生不同的体验。母亲开始渐渐觉察到生理机能不如从前，他们对自己的身体状况和吸引力逐渐不自信，面对自己子女身体的飞速成长和性成熟时期所将要达到的最佳状态的健康、力量和外表吸引力，她们在为孩子感到骄傲的同时也开始顾影自怜。

其次，在工作和社会地位上，母子双方在面对各自社会地位和身份上的变化。日趋成熟的孩子开始考虑如何选择自己的职业和婚姻家庭，他们的生活充满了机遇和挑战，这让他们对未来充满憧憬。母亲需要面对的是当年自己的选择所带来的结果，她们需要重新估计自己的人生价值。她们对未来的希望开始降低，认为自己的生活不可能会出现奇迹，于是，就把希望寄托在孩子的身上。

第三，沟通问题。如前所述，两代人间不协调的变化使母亲在工作和家庭中产生了前所未有的焦虑。越来越多的调查表明，处于青春期的孩子与母亲之间会出现许多新的沟通上的问题。比如，青少年对亲子沟通的满意度与母亲对亲子沟通的满意度存在差异。青少年对亲子沟通的满意度较低，青少年认为与母亲的沟通缺乏开放性且沟通时存在很多问题。但与青少年相比，母亲认为与青少年有较为开放的沟通，沟通存在的问题较少。这样盲目地乐观会导致母亲不会致力于改善与孩子间的关系，亲子间的距离会日渐拉大，另外，由于母亲的生理变化大于父亲，母亲比以前更敏感，在家庭沟通中母亲比父亲更积极主动。母亲更多是交谈的发起者，对孩子的日常问题非常关心，这样往往会让孩子觉得母亲整天唠唠叨叨，不胜厌烦。青少年与母亲的沟通问题主要表现在沟通方式方面，如分歧、误解、行为约束、盘问、批评和缺乏沟通等。研究表明，在所有的沟通问题当中，母亲对青少年过多的行为约束是出现亲子沟通问题的重要原因，而在沟通话题方面，出现问题最多的是课外活动和异性交往。在亲子沟通中得到母亲支持的青少年能够更好地探索自我同一性，而与母亲沟通不良的青少年更容易出现各种情绪和行为问题，如离家出走、辍学，甚至犯罪等。

第三节　家庭亲子教育咨询技巧

第一单元　构建科学亲子教育咨询理念

一、技术与经验的结合

1. 没有完全适用、绝对有效的咨询技术

私人心理顾问要知道，客户的成长是一个复杂的过程，发展阶段不同，需要和反应亦不同，再加上每个家庭的文化、传统、生活模式、所处的地区环境、社会环境及性格、行为各有不同，所以没有两个客户是相同的，也就不会有一套绝对适合每一个客户和家庭的咨询技巧。在亲子教育咨询中，心理咨询的技术都可以运用其中，只是要针对每一个家庭的问题，使用更合适的技术。

2. 改变孩子首先家长要做出改变

一个孩子的思想、行为，是由他成长中的种种事情及他所学到的思维模式决定。故此，私人心理顾问要让家长明白，在孩子的成长中家长也曾参与制造过一些事情，家长的言谈举止、思想行为和情绪模式也在潜移默化地影响着孩子，想要改变孩子，家长必须在思想、言语、行为和情绪表现方面做出改变。亲子教育咨询中家长是重要的方面。私人心理顾问在与家长的咨询过程中应定位于提高家长的教养素质、提升家庭教育质量，从而让孩子接受科学的早期教育，最终实现家长、孩子共同发展。

3. 私人心理顾问要让家长明白：对孩子尽心尽力了都是好家长

很多家长都有自责或内疚的心态，常常觉得是自己无能，没有做好孩子的工作。每一代父母都把自己所知道的最好的东西给予了孩子，家长无须责怪自己，无须自怨自艾，应该以积极的心态对待自己和孩子，负疚的心态只会使孩子认为家长给予他们的真的是不足，从而无法建立良好的自信和对别人的信赖，这类孩子因为内心没有安全感而不断地索求及抱怨，使家长疲于拼命。为了自己和孩子的心理健康，家长必须建立一个清晰的信念："我已经给了孩子我可以做到的最好的，同时我会继续寻找做得更好的方法。"帮助家长放下内疚心理，相信从现在开始一切将变好。

4. 所有的改变都需要从行动开始

对于一个方法家长只认同是不够的，事情不会自动改变，而需要家长去把改变"做"出来。帮助家长制订计划，例如一周内做什么，把这些内容在家庭生活中呈现出来，一周后检查完成情况，做修订。

二、指导客户建立理想的家庭环境

1. 互相尊重，互相信任

每个家庭成员都有自己的地位和生活空间，并且受到尊重。家长尊重孩子，孩子就会尊重任何一个人。在尊重对方的大前提下，可以给对方一个温暖、安全、自由表达自己的空间。孩子感到自己被尊重、被接纳、获得一种自我价值感。

每个成员都视信任、支持和爱为家庭里的最高价值，超乎其他一切事物。因此在家庭中，家长的行为和处世态度处处表现出重视这些价值，孩子在家长的引导下亦重视这些价值。有浓浓的亲情和温馨宜人的氛围，使孩子置身其中感到温暖、舒适，心情乐观、舒畅，干什么都有用不完的劲头。

2. 心态积极，各担己任

每个孩子都有正面、积极的心态，充满信心和活力。帮助孩子发展这样的心态，是家长的责任。每个家庭成员都诚实、对自己的行为负责，家长从自己做起，并处处鼓励孩子这样做。家庭成员认识到每个人的价值，包括自己的价值，肯定每个人的能力和对别人的贡献。

3. 允许差异，喜乐共享

允许家庭成员有不同的看法和做法。不要强求别人与自己有同样的看法，接受别人的错误，以身作则。对孩子全面接纳、关注和爱护，接纳孩子的优点和缺点，接纳积极的一面的同时也接纳消极面，接纳孩子与成人不同的价值观，与之平等交流。

无论是乐趣或悲伤，每个成员都乐意与大家分享。不要只说高兴的事，也可以讨论不愉快的、伤心的事。体验别人的内心世界，将自己放在对方的位置上，体会对方的感受，能更好地理解对方，并把自己的共情传达给对方。关怀孩子的感受，与孩子共苦乐。

4. 鼓励思考，参与是金

每个成员之间互相学习、鼓励独立思考。对别人不同或新颖的想法，先听取，找出其中真正的意义并做出肯定，而不是一开口就否定它；鼓励孩子多思考不同的可能性。

成员一起做的事应该更注重过程和意义，而不是结果。注重过程就是在乎对方的参与，肯定一起做的意义；无论结果怎样，都不及这点重要。

在这样的家庭环境中，无须追求物质的高档，因为家人在一起便是最大的享受。这样的家庭环境能提供良好的学习动力，孩子在其中会树立完善的信念和价值观系统，内心充满自信、自爱和自尊。

三、帮助客户推动亲子关系的良性互动

1. 要克服家长专制主义，尊重孩子的意志

明确孩子不是个人的私有财产，很多父母把自己未实现的心愿寄托在孩子身上，逼孩子在自己认为正确的道路上走。家长认为对孩子好便一定要他跟随家长的意志去做，往往适得其反。孩子的看法与家长或者其他成年人的不同，没有什么奇怪的。孩子一定会有一些地方比家长更好，而家长有的优点长处，孩子不会全部拥有。每一个人的信念、价值观及行为准则都有不同。所以家长不能要求孩子的性格完全与家长一样。尊重他人的不同之处，他人才会尊重你独特的地方。家长能接受孩子的不同之处，孩子才会接受家长对他的看法。

2. 心灵、情感的沟通是关键

有人说父母与子女有天然的血缘关系，自然会"心有灵犀一点通"，用不着有意去做。这是不正确的。两代人的社会环境、生活际遇、人际交往各不相同，心灵、情感也会出现差异，产生"代沟"是必然的。这要靠父母与子女双方经常交流情感，推心置腹地交谈，求同存异，相互理解和适应。自己说什么不重要，对方听到什么才是重要的。老是强调自己说得怎样正确没有用，孩子收到的信息对他来说是什么意思才重要。用孩子听得明白、能够接受的语言、语气、说话模式对他说话，会有最好的效果。

3. 施爱不能盲目，管教严禁粗暴

恰当地掌握施爱与管教的"度"。爱不能过分，当爱则爱，当帮则帮，避免溺爱。管教也应针对不正确的行为进行，以理服人，前后一致。

家长处理一件事的行为模式，孩子看到了，下次也会跟着做。孩子看到家长面对一个情况时产生的情绪反应，便会认定那是正确的，并且在自己面对同样的情况时会做出同样的情绪反应。言语或文字本身不能在孩子的身体和脑子里产生有学习效果的行为模式或情绪反应，所以教条式的训导效果不好。

4. 提供帮助而不是替代成长

家长要把孩子的行为和动机分开，孩子的某些行为本质有错或效果不好，应该加以否定，但孩子总是在不断企图提升自己的知识和能力，家长必须肯定这样的动机。找出孩子行为背后的正面动机，加以肯定，再引导孩子去找更有效的做法，这是孩子最能接受的方法。

每个人都会选择能给自己最佳利益的行为，孩子也一样，只是他还没找到。如果一个人认识到某种方法能够使自己得到更多，而付出的代价更少，则这个人自然会采

取这种方法，孩子同每个人一样，都还在这一点上努力着。更好的方法是提供帮助，即给对方更多的选择；指定必须用某种方法，企图操纵对方是无效的。孩子只喜欢家长的帮助，而拒绝家长的操纵。

任何替代孩子成长的企图，最终都会在孩子身上产生负面的效应。家长替代孩子做该做的事，会剥夺孩子的学习机会，孩子在成长中没学到该学的东西，长大以后要付出很大的痛苦代价。替代只能让孩子变得更依赖，对父母更抱怨及挑剔。鼓励、引导孩子做自己的事，是帮助孩子成长最有效的方法。

5. "爱"不可以作为筹码

家长对孩子的爱超越一切事物，应该是孩子在这个世界上永远不会逝去的东西。因此，家长不应该随便把它作为要挟或作为交换的筹码。这份爱应该是成长过程中最大的信心和活力的源泉。因此孩子必须对这份爱没有任何怀疑。如若这份爱在家长的语言中表现出带有条件的话，孩子会对亲子关系高度怀疑。如果因为做了哪些事情而失去这份爱，孩子也会变得不在乎这种亲子关系。家长若把爱变成筹码，孩子也会在日后把对家长的爱作为筹码。今天的社会中很多的亲子关系完全破碎就是这个原因，更坏的是，这个模式会传给下一代。

第二单元 家庭亲子教育咨询策略

一、帮助客户抓住亲子教育的关键期

人的大脑存在一个发展的"关键期"，比如，2岁前是心理发展的最佳时期、2岁左右是语言发展的最佳时期、4岁左右是数字概念形成的最佳时期、3~5岁是音乐灵感发展的最佳时期、3~6岁是想象力发展的最佳时期等。研究者指出，关键期是一次性的、不可逆的。如果不能很好地利用这个关键期，大脑相应区域的功能的发展速度就会减缓，其相应区域的素质的发展水平就会降低。相反，如果在这个关键期大脑相应区域的功能得到了很好的开发，那么，就会大大激活脑功能。

心理学家研究了人类婴儿的早期行为，发现如果父母对婴儿的抚养十分冷淡，并很少同他交往，使孩子不能产生对父母的依恋，孩子就会变得安静、被动，不信任父母，以后也不信任别人。在幼儿生活的最初阶段，父母对他的照料，便是最有意义的社会交往活动；更是建立亲子关系的关键期。早期的照料体现在以下几个方面。

1. 哺乳阶段

当母亲哺育孩子时，不仅给了他物质的营养——乳汁，而且给了他精神的营养

——抚爱，母亲用自己的乳汁哺育孩子，比使用奶瓶喂孩子更有利于同孩子的交往，更有利于孩子身心两方面的积极体验。联合国儿童基金会的调查报告指出，奶瓶喂养的孩子患营养不良症的人数比母乳喂养的孩子高出3～5倍。这个报告仅仅是从孩子的物质营养方面指出了母乳喂养的重要性。其实，从儿童早期社会交往的角度看、从儿童的精神需要看，母乳喂养同样是更好的。

2. 早期照料

当孩子睡醒后，母亲可以用温和的语调同他谈话；当孩子想睡时，母亲要帮他脱衣、盖被、亲吻，或者给他唱一首儿歌、催眠曲，让他在一种轻松、恬静、愉快的气氛中进入梦乡。一日生活中的这些交往，潜移默化地影响着孩子，使他感到自己身处的环境是可爱的，周围的人是可亲的、可以信赖的，同周围人的交往是愉快的。同时，通过交往，也大大增加孩子的知识经验。这些都对儿童以后积极的个性品质的形成有一定影响。

3. 玩耍

除了吃、穿等生活需要的活动外，玩耍是儿童认识现实的第一种手段。家长可以利用玩耍的机会，增加孩子和他人的交往活动。比如，户外活动和散步，远比室内景物生动、活泼。父母应该有意识地引导孩子观察世界，并与其他成人或小朋友交往。这些日常生活中常见的人与人之间的交往关系，孩子还无法直接去体验，但可以在游戏中通过模拟活动认识和体验。

4. 认识物品

认识物品是保证儿童正常社会交往的重要条件之一。认识糖，才会向父母要糖吃；认识帽子，才会要求妈妈给自己拿帽子。儿童认识的东西越多，在交往时越能丰富、准确地表达自己的意愿。而这种成就反过来又会鼓舞孩子尽量多地去认识物品，多同人交往。父母利用教孩子认识物品的机会，可以不断增强同孩子的交往活动，教1岁内的孩子认识东西，最好用实物；稍大一些的孩子，可以用图片，这样可以减少空间的限制，扩大认识范围。如起床时，可以教他认识被褥、衣服；吃饭时，可以教他认识食品、餐具，玩耍时可以教他认识玩具等。

5. 学说话

语言是人类交往的工具。1岁内的孩子，不会讲话，所以，与别人的交往有很大限制。周岁儿童可以学说"妈妈""爸爸"，一旦学会了，就可以招呼父母，同父母交往。2岁以后的孩子，语言发展很快，一些研究认为，2～3岁是儿童学习说话的关键时期。比如，满3岁的儿童，可以学会说1000多个词汇，这时已经可以同父母或他人进行频繁的语言交流，这种交流是儿童社会交往活动最重要的组成部分之一。

二、促进客户教育能力的提升

1. 帮助客户掌握亲子游戏的技巧

亲子游戏是父母与孩子之间的相互交流活动,它不仅对孩子有益,而且对家长也有好处。通过与孩子游戏,家长可以直接了解孩子的身心发展规律和特点,了解孩子的兴趣和爱好,从而采取适宜的教育方法,这在无形中提高了家长在家庭教育知识、教育手段及教育方法等方面的素质。同时,家长与孩子游戏的过程充满了欢乐,这种氛围有利于家长保持愉快的心情,促进家长良好心理素质的形成与发展。

2. 巧用同理心促进客户亲子沟通的技术提高

同理心就是体验别人内心世界的能力,将自己放在对方的位置上,体会对方的感受,从而更好地理解对方。

家长应注意自己的语言表达方式对孩子的影响。在运用同理心技术时,父母需要克服的是"刀子嘴、豆腐心"的语言表达方式。父母的本义是为了孩子好,却不知这也是一种"语言的虐待"。家长不适当的语言不仅无法达到良好的教育效果,还会伤害、激怒孩子,加剧他们和家长的对立。有的教育工作者认为,现在的孩子不听话、脾气犟、叛逆心强,其实与父母的"刀子嘴、豆腐心"的教育方式相关。

3. 帮助客户掌握处理孩子负性情绪的技术

科学合理的处理方式是善于感觉孩子的情绪。看到孩子流泪时,能设身处地地想象孩子的处境,并且能感受到孩子的悲痛;看到孩子生气时,他们也能感受到孩子的挫败与愤怒。因为父母的接受与分享,孩子感到身边有可以信赖的支撑,所以更有信心去学习怎样处理面临的问题。

专栏 5-1 有效引导孩子处理负性情绪的四部曲

步骤 1:接纳

直截了当地说出你看到的在孩子脸上流露出的情绪。例如"宝贝,我看你很伤心,告诉我发生了什么事?"或者"你看起来不太高兴,什么事让你生气呀?"作为处理情绪的第一步,接纳的意义是向孩子表达:"我注意到你有这个情绪,并且我接受有这个情绪的你"。

父母需明白,跟所有人一样,孩子的情绪也都是有原因的。对孩子来说,那些原因都很重要。尝试站在孩子的角度,你会更容易接受孩子的情绪。

步骤 2:描述

先处理情绪,后处理事情。帮助孩子捕捉内心的情绪。

孩子对情绪的认识不多，也没有足够和适当的文字描述情绪，要他们准确表达内心的感受是比较困难的。你可以提供一些情绪词汇，帮助孩子把那种无形的恐慌和不舒适的感觉转换成一些可以被定义、有界限的情绪类别，刻画自己当时的内心感受。例如"那让你觉得担心，对吗？"或者"你觉得被人冤枉了，很愤怒，是吗？"

孩子越能精确地以言语表达他们的感觉，就越能掌握处理情绪的能力。例如，当孩子生气时，他可能也感到失望、愤怒、混乱、妒忌等；当他感到难过时，可能也感到受伤害、被排斥、空虚、沮丧等。认识到这些情绪的存在，孩子便更容易了解和处理他们所面对的事情了。

孩子需要一些时间去表达他的感受。耐心些，当孩子正努力地说出情绪时，不要打断他，鼓励他继续说下去。当孩子有足够的情绪表达后，你会发现孩子的面部表情、身体语言、说话速度、音调、音量和语气等都变得舒缓了。

步骤3：设范

设范是指为孩子的行为设立规范，即划出一个明确的范围，范围里的是可以理解或接受的，而范围外的则是不合适和不能接受的。

比如孩子受挫后打人、骂人或摔玩具，在了解这些行为背后的情绪并帮他描述感觉后，你应当使孩子明白，某些行为是不合适的，而且是不被容忍的。例如"你对亮亮拿走你的游戏机很生气，妈妈明白你的感觉。但是你打他就不对了。你想，你打了他，现在他也想打你，以后你俩就不能做朋友了，对吗？"对6岁以下的孩子，无须深入解释"不对"的理由，除非他主动发问。重要的是让孩子明白，他的感受不是问题，不良的言行才是问题的关键。所有的感受和期望都是可以被接受的，但并非所有的行为都可以被接受。

步骤4：领悟

人生的每次经验都会让我们学到一些东西，使我们更有效地创造一个成功快乐的未来。不明白这个道理的人，总是抱怨人生处处不如意。而明白这个道理的人，则不断进步、享受人生、心境开朗、自信十足。

当孩子很小的时候，便应该教导他懂得这个道理，而经过上述的接纳、描述、设范三个阶段，现在正是恰当的时候。此时，孩子已经领悟到"现在我知道我感觉糟糕的原因了，而且我知道引起这些不舒服感觉的问题在哪里，我应该怎样去处理这些问题呢？"

接下来，你就可以引导孩子找出更恰当的方法来处理负面的情绪。先问孩子他想得到些什么。与孩子一起讨论解决问题的方法。引导他自己想办法，帮助他做出最好的选择，鼓励他自己解决问题。"下次发生同样的情况时，怎么做会更好？"

例如"如果重新来过，除了打他，你能想到其他的方法吗？"为了避免同样不如意的情况出现，可以采取哪些预防措施？如果必要，你不妨以爽快和愉快的态度参与，与孩子一起解决问题。

人类在进步，家庭教育的方法也在变化。私人心理顾问应帮助客户多观察、理解、尊重孩子，不断提高自身的修养，增加自信，利用亲子教育的理论和方法和孩子一起成长。

引自：点灯教育，《做一个处理孩子情绪的高手》，有删改。http://blog.sina.com.cn/s/blog_603d862d0102eknb.html

第六章

婚姻与性心理咨询

第一节 婚姻与性心理概述

第一单元 婚姻与性心理的相关知识

一、婚姻的含义

男性与女性经过合法手续结合成为夫妻,这种因结婚而产生的夫妻关系就叫作婚姻。男女两性的生理差别、人类固有的性本能以及通过自身繁衍而形成的血缘联系等是婚姻赖以形成的自然因素,也是婚姻固有的自然属性,这种自然属性是婚姻关系区别于其他社会关系的重要特征,如果没有上述因素,人类社会就不可能出现婚姻。

在不同的国家、不同的历史时期和社会背景下,人们对婚姻的理解也各不相同。例如,我国古代一直以"上以事宗庙,下以继后世"教导子孙;近现代各国的法律也对婚姻做了种种规定。因此,私人心理顾问在实际工作中一定要注意社会文化背景、个体心理因素、法律法规等对客户理解婚姻及性关系等概念的影响。在咨询工作的起始阶段与客户讨论对婚姻的理解等议题,将有助于私人心理顾问把握客户在婚姻及其他相关问题上的信念和价值观;在某种程度上,也有助于咨询关系的建立、推动咨询进展,为理解客户的问题打下基础。

二、性心理

1. 含义

性心理是指与性有关的心理活动。具体包括在性生理的基础上,与性征、性欲、性行为有关的心理状态和心理过程等。现代科学研究表明,人类性行为除了性交活动外,还应包括性身份的塑造、性角色的进入、性意识的发展、性的社会化等。

人类的性活动绝不仅仅是本能反应,它包含丰富的心理活动,并受社会制约。这是人类性活动区别于动物的根本点。从动物的性本能到人类的性心理有一个漫长的发展过程。人类的性心理也经历了由原始人到现代人的发展。就个体而言,从出生、成长、到成熟、衰老,性心理也有一个发展过程。性心理活动受到社会因素和文化因素的共同影响。

2. 性心理发展理论

目前关于性心理发展的模式尚无科学定论,比较著名的理论是弗洛伊德提出的性心理发展理论。按照弗洛伊德的观点,人类的发展就是性心理的发展,这一发展从婴儿期就已开始。儿童在性方面是主动的,其发展源于力比多的驱动。弗洛伊德将人类性心理的发展从婴儿期到青春期分为五个阶段,在不同的阶段中,性欲满足的对象也随之变化。每一阶段的性活动都可能影响个体的人格特征,甚至成为日后发生心理疾病的根源。其中,儿童早期的经历在弗洛伊德看来,对个体之后的心理发展是至关重要的。

(1)口欲期(0~1岁左右):婴儿的主要活动为口腔的活动,快感来源为唇、口、吸吮、吃、吃手指,长牙后,快感来自咬牙、咬东西。

(2)肛欲期(1~3岁左右):婴儿接受排泄训练,主要为肌紧张的控制,快感表现为忍受和排便。

(3)生殖器期(3~6岁左右):儿童能分辨性别,产生对异性父母的爱恋和对同性父母的嫉妒。此外,生殖器部位的刺激也是快感来源之一。

(4)潜伏期(6~12岁左右):儿童性欲倾向受到压抑,快感来源主要是对外部世界的兴趣。

(5)生殖期(12~18岁左右):兴趣逐渐转向异性,幼年的性冲动复活,性生活沿着早期发展的途径进行着。

弗洛伊德认为,性心理的发展过程如不能顺利地进行,停滞在某一发展阶段,即发生固着;或在个体受挫后从高级的发展阶段倒退到某一低级的发展阶段,即产生了退行,就可能导致心理异常,成为各种神经症、精神病产生的根源。

在性心理发展中，弗洛伊德有一个著名观点，即认为在幼年时期，对异性父母的爱恋现象是人类普遍存在的特征之一。俄狄浦斯情结（Oedipus complex），又称恋母情结，就是他用于说明此问题的一个术语。但由于儿童的这种感情是社会伦理道德所不容的，因此受到压抑。"情结"是被压抑的欲望在无意识中的固着，是一种心理损伤。解决这种情结的方法是，儿童在发展中把他的自我的一部分视为与双亲一体的部分，形成超我，遵守社会道德规范的要求。此问题若不解决好，个体就会焦虑，以至于形成神经症。

3. 性意识的发展阶段

生理发育是心理发展的基础，因此，个体的性发育必然带来性意识的发展。一般认为，从性意识的萌芽到爱情的产生，大致可分为四个阶段。

（1）性沉寂期，或称潜伏期。这一时期儿童大概在6～10岁，性意识发展处于一个相对静止的阶段。可是，儿童对性的功能仍怀有较大的兴趣，相互进行身体方面的探索，并喜欢讨论与此相关的性问题。但是，需要明确的是，此时的儿童对于性的关心一般以性的兴趣和好奇为中心；对性的概念还很模糊。

（2）异性疏远期。大约在11～14岁，伴随着第二性征的出现，出现了羞涩感。一起活动时有说有笑，但是当男女生单独接触时，就表现出腼腆的一面，或故作冷淡，实则紧张。这时的青少年把与异性的差异和彼此之间的关系看得很神秘，担心别人看到自己在性征上的变化，认为男女接触是一件尴尬的事，也害怕与异性接近遭到别人的耻笑。因此封闭自己，疏远异性，就连与平时熟悉的异性交往也变得不自然。这种对异性的疏远主要是由于在心理上向往异性的朦胧感与羞涩感之间的矛盾造成的。

（3）异性接近期。正式进入青春期后，随着性生理的发育成熟和个人阅历的增加，青年向往异性的朦胧感进一步增强，羞涩感减少，变得渴望了解异性、接近异性。由于女性进入青春期的年龄要比男性早些，因此女性对男性的好感要早于男性。这一时期的异性间交往常常比较广泛，往往不针对特定的某个人，而是存在着泛化的爱恋和憧憬，对于两性关系一知半解，还分不清好感与恋爱的区别，常常遭遇心理上的困惑。

（4）恋爱期。随着性生理与性心理的成熟，青年已不再满足于对异性的泛化接近与好感，而是把爱慕的对象集中到某一特定的异性身上，喜欢与自己爱恋的对象单独相处，而远离集体活动。表现为爱慕、期盼和迷恋的心理。通过约会和交谈，了解对方的性格及价值观，不断增强感情。尽管这一时期是性意识发展相对成熟的阶段，但此时的恋爱只是爱情的萌芽，并不是成熟的爱情，没有深刻和丰富的社会性内容。随着年龄增长，心理逐渐成熟，人格与社会认知趋于稳定，才可能逐渐产生和形成真正的爱情，并可能走向婚姻。

第二单元 婚姻与性的关系

一、性是婚姻的重要组成部分

婚姻与性是直接相关的。人类多数性活动发生在婚姻内；即使不是在婚姻关系里发生的性行为，人们对其命名也是与婚姻相关的，例如婚前性行为和婚外性行为。因此要了解性行为，需要从婚姻开始。性与婚姻是和家庭紧密联系在一起的，但每个元素都能独立存在；例如非婚的性和无性的婚姻，有些伴侣未婚而生下孩子，而有些已婚夫妇决定不生养孩子等。对绝大多数人来说，婚姻提供了性行为和为人父母的条件。

美满的性生活对夫妻双方的健康有很大好处。国外调查表明，分居或离婚的女性比婚姻美满的女性更易得传染病，原因是她们的免疫力较低，其前夫健康状况也往往不佳。调查还表明，有些仍保持婚姻关系但关系恶劣者的免疫力往往比分居或离婚者更差。可见，美满的婚姻、融洽的性生活对健康是很重要的。

性生活中一定要提倡性心理卫生，忽视了这一点，家庭结构就会变得十分脆弱。性心理卫生知识主要体现在两个方面：首先，夫妻双方，尤其是新婚夫妻，出于各方面原因，可能会对性生活有不同的要求和认识，这是十分正常的。彼此应相互理解、相互尊重、相互配合、逐渐适应，不应不顾对方的感受和心理承受力，强加于人。其次，要注意保持良好的情绪、情感状态，在夫妻生活中亦要保护自己人格的整体性。这对于保持个体的心理健康是十分重要的。

二、性心理特征及对婚姻关系的影响

1. 新异性

在人类性行为中有强烈的新异心理与猎奇性表现。这个特征驱使人们对性意识的情趣保持追求。在青春期以后，由于身体的发育逐渐成熟，产生性意识，对性知识有更多的探求欲望。这是正常的心理表现，人类的性意识始终伴随着人的生理、心理的发育和发展，对性的新异与猎奇性也同样一直伴随。但人们必须谨慎地对待这种好奇的心理，要在社会道德规范之内去实践。

2. 受干扰性

性学者认为精神因素干扰正常的性反应是常见和最重要的。愤怒、敌视和怨恨等因素，会直接造成抑制性反应，引起性功能障碍，进而又会出现性忧虑，性忧虑损坏了性生活的乐趣，使性反应力下降，形成心理上的恶性循环。妊娠性畏惧、压力性焦

虑都可能造成性心理压力，引起紧张、抑郁等情绪，性要求与性反应降低，事实上不仅性生活不美满，还可能造成生理或心理上的问题。

3. 感受性随年龄变化

性行为在生理、心理甚至体力上不可能长期维持同样的反应水平。例如男性勃起时间在 20～30 岁是高峰；而后逐年下降。晨间勃起次数和性能力，35 岁为高峰，以后随年龄增长而下降。随着年龄的增长，生理和性刺激的敏感性都会改变，这时，就需要夫妻在心理上相容，互相调试，这不仅是爱情成功的心理背景，也是性生活协调的心理基础。

4. 排他性

排他性是两性关系中极为普遍与重要的心理特征，即抗拒任何异性靠进自己的伴侣，更容不得伴侣与其他异性有亲密交往。

人类的性活动，不论是性适应，还是性适应不良，都是生理、心理、社会这三要素共同作用的结果。在一个人身上的反映，往往又是混杂、交叉、多特征的，绝不是单一、分隔、不受影响地反映出来，所以私人心理顾问在与客户进行婚姻与性心理咨询时，应注意全面、整体、综合分析，提出方案。

第二节 婚姻与性问题咨询

第一单元 婚姻问题咨询

一、常见的婚姻问题

1. 过度"理想化"

私人心理顾问在实际工作中也许会遇到这种情况：一些前来咨询的、声称"婚姻出现问题"的夫妻，其实他们所说的"问题"或矛盾在旁人（或老一辈人）看来并没有那么严重或不可调和。

一项纵向研究的结果表明，婚姻质量显著影响个体的幸福感，并且这种影响随着时代发展变得越来越强，即相比于 20 多年前，如今的一段美满的婚姻关系会给个体带来更高水平的幸福感。研究者认为，出现这一结果的原因之一是，现代的人们在婚姻关系中的索求越来越多，同时，这也是造成婚姻出现问题的源头之一。即现代人对婚姻的期待变得更高、对伴侣的要求越来越多，而这一现象似乎是不能避免的，是随着人类社会的发展自然形成的。有学者提出，人类的婚姻发展大致经历了以下三个阶段，并且在当今社会中，这三个婚姻发展阶段实际上是同时存在的：

(1) 制度婚姻(institutional marriage)：在古代社会(1850年以前)，人们对婚姻的需求是满足基本的生理和安全需要，即两个人共同生活更容易吃得饱、免遭侵害等。

(2) 友伴婚姻(companionate marriage)：近现代社会(1850年至1965年)，随着社会经济的发展，婚姻中的双方开始关注亲密和性的需求，注重爱和陪伴。

(3) 自我表现婚姻(self-expressive marriage)：当代社会(1965年至今)，人们越来越重视自己在婚姻中的自我表现、是否得到尊重以及个人成长，将婚姻视为自我实现的一种途径。

如果我们仔细观察婚姻的发展阶段，就会发现其与马斯洛的需要层次理论相契合，即只有当低层次需要得到满足时，人们才会去争取更高层次的需要；并且层次越高的需要，越难以实现，需要个体更多的投入，能够达到或实现的人也就越少。当现代的人们不再依靠婚姻维持生计、满足基本的生理或安全需要时，自然就会期待一段好的婚姻能够满足自己的精神需求，但这也同时意味着，个体要在婚姻关系中付出更多的时间、精力、情感等。然而，绝大多数人却无法做到这一点。调查数据显示，与1975年相比，在2003年，没有孩子的夫妻的平均每周相处时间从35小时下降至26小时，而有孩子的夫妻则从13小时下降至9小时。共处时间的减少直接导致夫妻间缺少必要的沟通和交流，而理想和现实的差距则可能会造成婚姻问题。遇到这类问题，私人心理顾问可以依据认知行为治疗的理论，识别婚姻问题的核心，帮助客户将问题具体化，识别客户的自动化思维，引导客户认识到客观现实和自己"理想化"中的伴侣或亲密关系的差距，以调整客户的不合理信念或认知，促进婚姻关系的改善。

2. 过去创伤的再现

不同的心理咨询或心理治疗学派都或多或少认同这样一个观点，即过去的经历和体验会对个体现在的人际互动模式产生显著影响。而过去个体经历过的关系中的创伤性事件则会阻碍亲密关系的发展，这里提到的"创伤"是一个广义的心理学概念(而不是临床诊断中的心理创伤)，指任何能够让个体感受到焦虑、恐惧、孤独、不安全等负性情绪的经历，例如被嘲笑、被抛弃等。创伤体验对每个人的影响程度不同，对于一般程度的创伤性经历，大多数人通常能够比较好地应对并随着时间的流逝逐渐"消化"。但也有一部分人可能会选择忽视或压抑自己的创伤体验，这种负性的应对方式可能会令个体在今后遇到类似事件时，处于心理创伤状态，即基于过去对未经处理的创伤性体验的理解，而对现在的人或事情做出回应，这种回应通常是与现在的客观事件不相符的过激行为或情绪。例如，由于堵车你约会迟到了，不巧的是你的手机没电了，无法联系对方,等见面时,他对你不由分说地大发雷霆,让你感到很困惑。实际情况是,你的伴侣可能曾有过被重要他人忽视、抛弃的经历,你约会迟到激活了他记忆中的这部分未经处理的创伤性体验,愤怒、无助等情绪便随之爆发。

私人心理顾问在实际工作中可以从客户对具体事件的详细描述中,发现客户与现实客观情况不相匹配的反应模式,这是识别过去的创伤性体验对现在的亲密关系的影响的方式之一。私人心理顾问要做的是让客户自己领悟过去经历对现在的影响,可以通过询问客户"别人遇到这类情况通常会怎么看""在那个时间点,你想到了什么"等方式引发其自我反思。

3. 消费观的不一致

消费观是影响婚姻质量和亲密关系的重要因素。例如,我们可能听说过或在新闻中看到过类似的事情,婚姻中的妻子从小生活优越,丈夫则出生在贫困的山区,两人婚后经常因为该去离家很远的菜市场还是家门口的超市买菜而吵架甚至大打出手。在选择结婚对象时,"门当户对"这句老话并非没有道理,但在这里我们要强调的是,婚姻是否幸福与拥有多少钱无关,但与夫妻二人对钱所持的态度是否一致有很大关系。研究显示,那些很少在钱的问题上发生分歧的夫妻与基本上每周都要在这一问题上发生冲突的夫妻相比,离婚率要低30%。

通常来说,那些经常为了钱而争吵的夫妻,其矛盾往往在两人恋爱时就已显现。例如,他们可能在刚开始约会时,就因为该由谁来付饭钱而发生争执。结婚后,这一矛盾会被放大,如两人会经常在如何分配收入等问题上意见不一。而对于那些消费观相近的夫妻,不管是在大的方面(例如存钱养老还是消费享受)还是在具体的每笔花销上,两人通常持有相近的观念,并且会通过沟通共同制定家庭财务计划,研究结果显示,这样的伴侣能够获得更美满的婚姻关系。

私人心理顾问在实际工作中可能会遇到带着与"钱"有关的问题来访的客户,他们可能会深陷在指责对方、愤怒不已、失望透顶的情绪"怪圈"中,甚至他们的一些关于"钱"的理念听上去偏执又不可思议。心理顾问在处理此类问题时,首先不要陷入客户的逻辑中,不要作为"帮凶"站在一方的立场上指责另一方,应首先处理客户的情绪问题。其次,引导客户理性看待这一问题,站在对方的视角看待问题,提升客户理解他人的能力。

4. 重大事件决策

亲密关系中的重大事件是指可能会促进或威胁两人关系进展的关键性事件,例如确认彼此的恋爱关系、决定是否结婚、生育等。研究显示,如果双方能够在进行充分沟通、达成一致决定的基础上,处理每一个过渡性、转折性的重大事件,那么这样的伴侣会拥有更长久、更稳固的感情。此处，我们再次看到了沟通的重要性。处在亲密关系中的伴侣可能会认为两人"心灵相通"，从而忽略沟通问题，令这些重大事件在不经考虑和事后确认的情况下自然发生，这样做可能会对两人的长期关系产生负面影响。因此，无论是在婚姻关系还是其他类型的亲密关系中，当遇到重大事件时，确认两人对彼此情感和关系的认知在同一层面上是很重要的，这需要依靠积极有效的沟通和自我思考。

客户可能会带着各种各样的问题前来咨询，而夫妻在重大事件决策上的分歧是造成婚姻问题的主要原因之一，也是私人心理顾问经常会遇到的。在处理此类问题时，私人心理顾问应注意以下几点。首先应该阐明的是，心理顾问的个人阅历和经验可能会影响其处理此类问题的效果，如果缺乏相关经验并感到自己无法给予客户帮助，心理顾问应及时向客户说明，本着对客户负责的态度履行转介义务。其次，客户可能会放大一件事情对婚姻关系的影响，或者一系列看上去并不起眼的小事，但累积起来却可能造成巨大的负面影响；此时，私人心理顾问要使用正常化的咨询技术，对客户进行心理教育、教会客户使用问题解决策略等也是一个很好的选择。

二、婚姻问题的预防措施

1. 婚姻表现回顾

在西方发达国家，当夫妻双方或其中一方发现婚姻或亲密关系出现问题时，求助于婚姻咨询师或心理治疗师是一种常见的选择。而婚姻咨询在我国的接受度还没有那么高，私人心理顾问在实际工作中可能也很少见到夫妻双方或一方因为婚姻问题前来寻求帮助的，尤其是男性客户少见。对于那些主动寻求心理咨询的客户，其婚姻问题往往已发展到了比较严重的地步。其实，对于大部分婚姻或亲密关系问题，如果能够及时预防，采取有效的干预措施，都是可以避免的。很多婚姻咨询师和亲密关系研究领域的学者均指出，夫妻双方定期回顾、检查两个人之间的关系，即针对婚姻关系做"表现回顾/检查"(performance review)将有助于及时发现可能存在的问题、提升亲密关系质量。所谓的表现回顾其实质是在夫妻间建立一种有效的沟通机制，让夫妻双方有一个常规、固定的对话时间，在这段时间里，夫妻双方会感到很安全，可以坦诚、不带评价地谈论两人的婚姻关系、自己在关系中感受到的情绪等。需要注意的是，对于那些已经处在关系危机中或婚姻问题发展到无法解决的地步的伴侣，表现回顾的作用就很小了。研究者指出，在应用婚姻的表现回顾时，要注意以下六个方面。

（1）对事不对人：注意自己的措辞和态度，婚姻中的双方都应意识到，自己感到不满意的是伴侣的一些行为或处理事情的方式，但这些行为并不代表一个人的本质。例如，可以用这一句式作为开头，"当你这样做的时候，我会觉得……"而不是"你这个人真是……"

（2）"心领神会"是不存在的：即使是已婚多年的夫妻都不可能不通过话语沟通而领悟彼此的意思，更不要期待对方与自己的思维方式一致。具体、详细地告诉伴侣自己的想法，以及你是根据哪些标准、条件和事实得出的这一结论，哪些事情在你看来对婚姻关系起到了至关重要的作用，等等。例如，告诉对方"你在这周六我们早就决定好去看电影时突然爽约，这让我觉得你不在意我的想法，因为我觉得在意我的做法应该是……"

（3）标准和规则应是恒定的：就像行为治疗中的塑造（shaping）一样，意思是说，婚姻中的一方在某次指出了对伴侣某一行为的不满后，当伴侣又出现同一行为时，个体应保持同样的态度。

（4）找出关系中积极的一面：表现回顾的一个重要原则是，在指出可能存在的问题前，首先要看到并明确指出婚姻关系中好的、积极的部分，因为这是保证亲密关系长期健康发展的基础。让伴侣知道，你看到了他（她）为了我们的婚姻关系正在努力改变自己，你理解他（她）。

（5）允许伴侣做出回应或补充：表现回顾是一个沟通过程，而沟通应该是一个双向对话的过程。假如婚姻中有一方很强势，则更应该有意识地注意自己是否说了太多的话而没有给伴侣阐明自己想法的机会。此外，婚姻中的双方都应认识到，在表现回顾中，两个人的关系应是平等的，而不是上下级，不要在措辞中使用教导的口气，这可能会加重一方的负性情绪。

（6）提出具体的改变计划：在沟通中，夫妻双方可能都会接收到对方提出的问题，这时需要继续讨论改善这些问题的方法。确定哪些是可以改变的，哪些是无法改变的。对于那些可以通过个人或双方的努力而改善的问题，应做出具体的行动计划；对于那些无法改变的客观条件，则应该讨论并尝试接受，或寻找其他领悟这一问题的角度。

2. 美满婚姻的三个视角

研究指出，一段美满的婚姻通常与以下三个视角密切相关：

（1）心理视角（psychological lens）：研究发现，个体的人格特质能够显著预测婚姻关系的质量，拥有一个具有"宜人性"（agreeableness）、较高共情能力的伴侣，有助于个体获得高质量的亲密关系。

（2）浪漫视角（romantic lens）：真心相爱的两人结合为夫妻的婚姻关系更为长久。浪漫的爱情会将婚姻中的二人"黏合"在一起，使得两个人有足够的感情基础应对未来生活中可能会遇到的困难。

(3) 道德视角(moral lens)：美满的婚姻是一面镜子，能够帮助夫妻双方发现各自的不足之处。一对好的伴侣能够客观、坦诚地沟通彼此的想法，正视并认真处理伴侣指出的自己的缺点。

在这三个视角中，个体通常无法控制和改变前两个，因此，只有通过不断认识自我、正视自己的不足并努力改善可以改变的因素，才能帮助自己在既有的亲密关系中收获成长。

第二单元　性问题的心理咨询

一、性问题相关障碍

美国精神医学学会编著的《精神障碍诊断与统计手册(第五版)》(DSM-5)中与性问题相关的诊断标准包括性功能失调、性别烦躁和性欲倒错障碍三类。

(1) 性功能失调：性功能失调是一组异质性的精神障碍，通常以个体在做出性反应或体验性愉悦的能力上具有临床意义的紊乱为特征。包括延迟射精、勃起障碍、女性性高潮障碍、女性性兴趣/唤起障碍、生殖器-盆腔通/插入障碍、男性性欲低下障碍、早泄、物质/药物所致的性功能失调、其他特定的性功能失调和未特定的性功能失调。

(2) 性别烦躁：指个体体验或表现出的性别与被分配的性别之间不一致的痛苦。尽管并非所有个体都会因为这样的不一致而痛苦，但许多人如果得不到渴望的躯体干预，例如通过激素或手术进行的干预，他们会非常痛苦。

(3) 性欲倒错障碍：性欲倒错障碍是指一种性欲倒错导致个体的痛苦或损害，或一种性欲倒错的性满足涉及对他人的伤害或风险。包括窥阴障碍、露阴障碍、摩擦障碍、性受虐障碍、性施虐障碍、恋童障碍、恋物障碍、异装障碍、其他特定的性欲倒错障碍和未特定的性欲倒错障碍。

西方国家的相关调查显示，对于男性来说，最常见的性问题是早泄，其次是勃起障碍；对于女性，最普遍的性问题是性欲低下、性唤起障碍以及性交疼痛。

二、从心理学视角理解性问题

性问题是指男性和女性在性欲和与性反应周期相关的心理生理变化方面存在问题。对这一问题的分类是基于性反应周期的三阶段模型(性欲期、唤起期和高潮期)。心理学视角理解性问题是指，可以从考虑性问题是一般性的还是情境性的、原发的还是继发的以及是心因性的还是药物因素作用下的等角度来理解。同时，在理解性问题时，私人心理顾问也要认识到，判断任何一种性活动是否异常的标准并非是固定不变的，而是会受到社会文化等其他相关因素的影响。因此，私人心理顾问不能脱离社会文化背景单一地看待客户的性问题，要综合生物学因素、社会文化因素及其他相关因素进行理解。

研究显示，教育程度比较低的男性和女性会在性体验上报告更低的满意度和更高水平的焦虑感；而与未婚人士相比，已婚的人有性问题的可能性更小。这样看来，在性问题上，婚姻是一个保护性因素。其他可能会造成性问题的因素包括：

1. 注意和环境背景

人类的性活动是在进化过程中形成的，是一种本能，不需要事先训练或学习；而且，会受到特定的外部（与性有关的）刺激的控制。但是，一旦个体在某些情境下将注意力转移到其他资源上，则可造成性活动（或性反应）的终止。这种通过将注意重新聚焦到与性无关的刺激以停止性活动的能力在进化上具有高适应性，例如当有捕食者靠近时，动物会立刻停止性活动。因此，注意与性无关的刺激可能会破坏性唤起。研究显示，相比于女性，男性在性活动方面更容易受到注意力分散的影响，且更在意自己在性方面的表现。另外，环境背景也起到很重要的作用，它为个体提供了注意范围。一个"浪漫的"环境（如烛光伴随轻柔的音乐）或对性唤起有辅助作用的刺激（如一种特定的气味），可能会提升性唤起水平，减少注意力分散。

2. 不合理信念

已婚夫妻（特别是男性）经常会对什么是正常的性活动或者夫妻性生活"应该是"什么样的存在明显的误解，造成这些误解的重要原因之一是目前我国性教育的缺乏。并且，随着信息传播方式的快速发展，人们经常会受到各类传播媒介上描绘与"完美的"性体验相关的或带有性刺激的广告、影视资料等的影响。导致个体通常会在性问题上持有多种不合理信念或错误认知，例如男性通常会受到传统性别角色的影响，认为自己应该是性活动的主导者等。持有不合理信念可能会直接导致个体在性问题上害怕失败、感到极度焦虑等。此外，一些间接因素也可能会影响性活动的进行，例如亲密关系问题、社会或文化方面的影响等。对于这些问题，私人心理顾问应该在咨询的初始阶段就进行探索，以便找到针对这些问题的解决方法。

需要指出的是，尽管以上列出了理解性问题的心理学视角，但在这一问题上，药物治疗仍旧是主流。因此，私人心理顾问在处理此类问题时，要本着对客户负责的态度，谨记心理干预的局限性。

第三节 婚姻中的性道德教育

第一单元 道德、性道德的概念

道德是调整人们之间、人与社会之间的相互关系的非社会强制性的行为准则和规范的总和。它属于经济基础上的上层建筑。道德是人们社会实践的产物，一经产生，就从各个方向影响、规范人们的社会行为。

道德与法律都是维系社会正常运行的必要手段，都是人们应该遵循的行为规范。但法律是靠社会强制执行的，是人们应该且必须遵循的行为规范；而道德的执行和维系则不能采用社会强制手段，只能依靠社会舆论、传统、教育和信念等。因此，道德是一种与法律不同的行为规范。

性道德是道德的一种特殊形式，是指人类社会生活中所特有的，由物质生产活动或经济活动决定的，维系人类种族延续和发展的，依靠人们的信念和社会舆论维系的，并以善恶进行评价的性行为准则和规范的总和。简言之，性道德就是人类性关系或性活动中应遵循的非强制性的行为准则和规范的总和。

第二单元 性道德教育的内容

一、婚姻原则

性行为应该存在于有婚姻关系的两性之间。男女之间发生性行为，必须建立在依法缔结的婚约基础上。根据我国《婚姻法》的相关规定，履行结婚登记手续，才是合法婚姻。性行为应该存在于有婚姻关系的两性之间，婚内性行为才是道德的，婚外性行为是不道德的。婚姻原则包含的内容有：①未婚恋人，在恋爱期间不应有性行为，恋人间的婚前性行为是不道德的。②双方已婚或一方已婚，但非合法夫妻，其性行为是不道德的。

对于婚姻原则，有学者认为，人类性行为创造的快感一方面来源于生理反应；另一方面，同时也是更为重要的方面，来源于男女双方因此产生的相互完全拥有、彻底信任的精神享受，因此，文学作品中常常将这两个层次的快感形象地称为"身体与心灵的完全交融"。如果仅仅考虑第一层次的快感，道德确实无须将婚姻作为性行为的基础，但人类的性行为也将因此沦为某种单纯的生理冲动。如果我们将第二层次的快感视为人类性行为最为根本的动力以及最终的目的，那么就不得不考虑实现这一快感最基本的条件，这些条件包括，①排他性；②稳定性；③信任。从普遍意义上看，婚姻能够同时实现上述条件，于是性道德规范将婚姻定义为性行为的基本条件。

二、自愿原则

自愿原则是指性满足或生殖应该建立在双方自愿的基础上。只有在双方完全自愿，没有任何强制因素的情况下，性行为才是道德的。自愿原则包含的内容有：①婚内强迫性行为是不道德的，在有些国家是犯罪行为，虽然是夫妻，性行为也需双方自愿；②婚外强制性行为是不道德的，也是违法犯罪行为。

性行为自主权是人的基本权利之一，非自愿下的性行为，是对他人的粗暴侵犯，会给被害者造成肉体和心灵上的巨大创伤。没有恋爱、婚姻关系的双方，如违反自愿原则，就构成了强奸行为；在婚姻关系中，如果妻子不愿进行性交活动，而丈夫加以强迫，也是违反道德的，一般认为是"婚内强奸"，在一些国家也构成犯罪。

三、负责原则

负责原则也叫无伤害原则，是指个体要对自己的性行为所带来的后果负责。在发生性行为之前、过程中和之后都要本着负责的态度，谨慎行事，确保无伤害。如，性行为之前和性行为过程中要考虑可能导致怀孕、传染病、身心伤害等，在性行为之后要对怀孕、婚姻家庭等负责。负责原则包含的内容有：①婚前性行为是不道德的；②婚外性行为是不道德的；③进行"保护性"性行为，如使用安全套等；④性行为的目的应是结婚建立家庭。

假如只片面强调"自愿"原则，只要两性同意，就可以随时随地发生性关系，显然也是不道德的，这里还有"无伤害"的原则。"无伤害"主要指两人之间的性行为不会伤害其他人的幸福，不会伤害后代的健康，不会伤害社会的安定发展。另外也要讲究性卫生，使性交行为不会损害自己或对方的身心健康。婚外性行为，一个人无论与"第三者"的"爱情"如何真挚，尽管符合"自愿"原则，但违背了"无伤害"原则，伤害了自己的妻子或丈夫，伤害了孩子，给社会安定团结也带来不良影响。除非履行法律程序，经法院裁决或协议离婚，然后再婚，否则，婚外性行为就是一种违背"无伤害"原则的行为。

四、真爱原则

真爱原则是指性行为应基于两人真心相爱，以爱情为基础。爱情是男女之间以相互倾慕为基础，并渴望对方成为自己终身伴侣的特殊的感情。爱情具有排他性、相互性和持久性，性是爱情的一部分。只有建立在两人真心相爱基础上的性行为才是道德的。真爱原则包含的内容有：①在真爱的前提下进行性行为；②没有爱情时不能发生性行为。男女之间发生性行为，必须以爱情作为基础。人类的性不仅是生理上的冲动，更是复杂的情感交流活动，是对对方相貌、体魄、气质、思想、品质、才华等许多方面爱慕的表现。因此，男女之间只有在相互产生爱情的基础上发生的性行为，才是道德的。

五、隐秘原则

隐秘原则是指性行为应在隐蔽环境，以私密的方式进行。隐秘原则包含的内容有：①对他人的性生活不应窥看，更不能拍照、录像或加以传播（医学教学和科学研究除外）；②不能公开和传播自己性生活的文字描写或影像资料；③性生活的双方，应注意隐蔽保密，不应在公共场所表现过分的亲昵行为；④不在公共场所裸露私密性身体部位（如臀部、生殖器、乳房等）；⑤不应轻易向他人裸露私密性身体部位或展示性交、自慰动作等。

第七章

管理心理学

管理心理学，又叫工业与组织心理学、组织管理心理学、组织心理学，是研究组织管理活动中人的心理活动及行为规律的学科。管理心理学是从管理的角度出发，综合运用心理学、管理学、行为学、社会学、人类学等学科的知识，探讨并揭示管理活动中人的心理活动规律，寻找激励行为动机的各种途径和方法，以最大限度的发挥员工潜能，更有效的实现组织目标。

第一节 人性假设与管理理论

一、"经济人"假设与 X 理论

1. "经济人"假设

"经济人"假设认为人的行为动机源于经济诱因，源于人们要追求自身最大的利益。基于此假设，组织需要用金钱、权利、组织机构的操纵与控制，使员工服从，从而维持效率。

2. X 理论的内容要点

(1) 一般人生来不喜欢工作，故只要可能，就会逃避工作。
(2) 多数人志向不大，只求生活安全，故宁愿受人指挥，也不愿负任何责任。
(3) 多数人个人目标与组织目标是矛盾的，必须采取强制、惩罚的办法，才能迫使其为组织目标服务。

(4) 多数人工作是为了满足生理和安全的需要，因此，只有金钱和其他物质利益才能促使其努力工作。

(5) 人大致可分为两类，多数人有上述特性，属被管理者；少数人由于能鼓励自己和克制感情冲动，因而能负起管理者的责任。

3. X理论的管理主张

(1) 管理工作的重点是任务管理。对于人的感情、动机、需要等社会心理因素可不予考虑。

(2) 管理只是管理者的事，与员工无关，员工的任务就是听从指挥、接受管理。

(3) 在奖罚制度上，应以金钱刺激员工生产积极性，用惩罚严厉制裁消极怠工者。

二、"社会人"假设与人际关系理论

1. "社会人"假设

"社会人"假设认为人的最大动机是社会需求，只有满足了人的社会需求，才能对人有最大的激励作用。物质利益在调动人的工作积极性方面的作用只是次要的，人们更重视在工作中与周围人友好相处。良好的人际关系对调动员工工作积极性起决定作用。

2. 人际关系理论的主要观点

(1) 人是社会人。影响员工工作积极性的因素除物质因素外，还有社会和心理因素。

(2) 生产效率的提高和降低主要取决于员工的士气，而士气又取决于员工的态度和企业内部的人际关系。

(3) 在正式组织之中，还有非正式组织的存在，这种非正式组织有其自定的规范，影响着成员的行为。

(4) 提出形成新型管理方式的必要性。管理者要注意倾听员工的意见并与之沟通，使正式组织的目标与非正式组织的社会需要取得平衡；管理者既要了解员工合乎逻辑的行为，也要了解他们出于感情的非逻辑行为。

3. 人际关系理论的管理主张

(1) 不要把自己的注意力局限在完成任务上，而应更多地注意为完成任务而工作的那些人的需要。

(2) 要培养员工的归属感和认同感，提倡集体奖励的奖励制度，增进组织凝聚力。

(3) 应认真了解组织中非正式组织的构成情况，做好调解工作，使非正式组织的社会需求与组织目标取得平衡。

（4）被管理者也应不同程度的参与管理，这会提高员工的工作积极性。

三、"自我实现人"假设与Y理论

1. "自我实现人"假设

"自我实现"是马斯洛在其需要层次理论中首先提出，他认为自我实现是人的最高需要层次，也是最具有持续激励作用的因素。所谓自我实现是指人有最大限度地发挥自己的潜力、表现自己的才干的需要。只有充分发挥了自己的潜力和才能，人才会感到最大的满足。

2. Y理论的主要观点

（1）一般人并非不喜欢工作，只要环境条件有利，员工都愿意工作。因为工作可以使员工获得自我实现的满足，这种满足可以使员工获得更大的工作动力。

（2）员工在执行任务时能自我督导和自我控制。在适当条件下，一般人不仅会接受任务，而且会主动寻求责任。人群中广泛存在着高度的想象力、智谋和创造性地解决问题的能力。在现代工业条件下，一般人的智慧潜能只得到了部分发挥。

（3）控制、惩罚并不是推动员工实现组织目标的唯一方法。管理的责任是改进组织条件和工作方法以使员工能更好地达到自己的目标，完成组织的任务。

3. Y理论的管理主张

（1）改变管理重点。
（2）改变管理职能。
（3）改变奖励方式。
（4）改变管理制度。

四、"复杂人"假设与超Y理论

1. "复杂人"假设

"复杂人"假设认为"经济人""社会人""自我实现人"的假设及其相应理论，虽然各有其合理性的一面，但并不适用于一切人。人的需要与潜能因人而异。而且，人的需要与潜能是随年龄增长、知识增加、地位改变，以及人际关系的变化而变化。因此，人是复杂的人。

2. 超Y理论的主要观点

人的需要有多种，而且需要层次也会因人、因地、因情境和时间而异。由于人的需要和能力都不相同，对于不同的管理策略与方式会有不同的反应，因此，不可能有一套在任何时间对任何人都能起积极作用的唯一正确的管理策略、管理方式。

3. 超 Y 理论的管理主张

管理者应有权变（又称应变）观点，应善于发现员工在需要、动机、能力、个性的个别差异，从实际情况出发，具体分析，因人而异地采取灵活多变的管理措施和方法。

第二节　激励理论及其应用

第一单元　内容型激励理论

一、需要层次理论

1. 概述

需要层次理论（hierarchy of needs theory）强调人的不同层次的需要是激发动机的主要因素。马斯洛把人类多种多样的需要归纳为五个等级，从低级到高级依次为生理的需要、安全的需要、社交的需要、尊重的需要、自我实现的需要。

2. 需要层次理论在管理工作中的应用

马斯洛的需要层次理论为管理部门指明了调动员工积极性的工作方向和内容，在西方流传甚广，现今多个国家包括我国不少企事业单位都在应用，其应用价值已成为公认的事实。在管理实践中应用这一理论时应注意以下几个问题：

（1）调查研究，掌握员工的主导需要。
（2）满足不同人的不同层次的需要。
（3）根据我国的国情，激励措施应兼顾物质及精神两方面的需要。
（4）注意需要层次理论、相应的激励因素和组织管理措施之间的关系。

二、双因素理论

美国心理学家赫茨伯格通过研究人们对工作感到很满意和很不满意时处于什么情境，归纳出影响工作态度的因素，提出双因素理论。该理论认为，激发人的工作动机的因素有两类，一类为保健因素，另一类为激励因素。保健因素又称为维持因素，这些因素没有激励人的作用，但却带有预防性，能起到维持工作现状的作用，如工资酬劳、工作环境、福利和安全等。在工作中，保健因素起着防止人们对工作产生不满的作用。激励因素则会给人们带来极大的满足，如工作成就、领导的认可、责任、发展等。

赫茨伯格认为，传统的"满意"与"不满意"互为对立的观点是不确切的。满意的对立面是"没有满意",而不是"不满意";不满意的对立面是"没有不满意",而不是"满意";满意与不满意是质的差别,而不是量的差别。

第二单元　过程型激励理论

一、期望理论

期望理论是美国心理学家弗罗姆提出的。该理论认为人们工作积极性的强弱取决于对他们工作动机的激励力量的大小,而激励力量的大小是受效价和期望值两种因素的影响,在效价和期望值两者都高时,才能产生较大的作用。用公式表示就是:

$$激励力量(M) = 期望值(E) \times 效价(V)$$

激励力量是推动被激励者做出绩效的力量。期望值是目标实现可能性的大小,通常是在0至1之间取值。某个目标若完全能实现,则期望值就是1;若完全不能实现,期望值就是0。不过这种概率也不是客观的概率,而是主体对自己实际能力与达到目标的可能性的一种主观估计,或者说是一种主观概率,所以叫作"期望值"。

效价(目标价值)是指目标的重要性,目标越重要价值就越高。显然,效价与激励力量是正比关系。但必须注意,在期望理论中,效价并不是目标本身的客观价值,而是行为主体对目标重要性的评价。效价可以是零值,也可以是正值、负值。

期望理论指出,激励力量的大小既不是单纯取决于目标价值的大小,即所谓"重赏之下必有勇夫",也不是单纯取决于成功可能性的大小,即以为把握越大越能激励行为动机,而是取决于效价与期望值的乘积。不同的效价与不同的期望值结合,可以产生不同的激励作用。具体来说有以下几种情况:

(1) E 高 × V 高 = M(强激励)
(2) E 中 × V 中 = M(中激励)
(3) V 高 × E 低 = M(弱激励)
(4) V 低 × E 高 = M(弱激励)
(5) E 低 × V 低 = M 低(无激励)

二、公平理论

公平理论是由美国心理学家亚当斯提出的。该理论主要探讨了劳动报酬分配的合理性对员工积极性的影响,即员工的工作动机不仅受自己所得的绝对报酬的影响(实际收入),而且还会受相对报酬的影响(即与他人比较的收入)。人们怎样确定报酬是否合理?怎样确定是否公平?关键在于比较——比什么,跟谁比。

比什么?比报酬和付出。如图 7-1 所示,O(outcome)表示个人从某项工作所得的报酬,不仅是工资,还有奖金、津贴、晋升、荣誉地位、分房等;I(input)表示个人对该工作所付出的努力和代价,不仅是体力上的付出,还有受教育程度和训练、经验技能、资历、对组织的忠诚等对该工作所付出的努力和代价。

跟谁比?选择谁作为比较的参照物,是公平理论中的重要变量。与他人作比较,这是最常见的比较方式。而且,这个他人通常是和自己经历差不多的人。也可以和自己比,即比过去条件下的自己在原来的单位待遇如何。也可以和将来假想条件下的自己比("我要是到那个公司,会得到什么样的待遇")。比较结果见图 7-1。

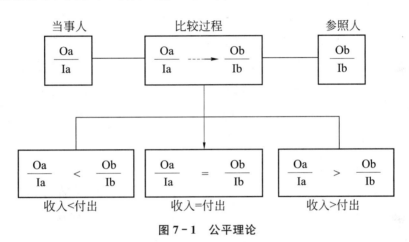

图 7-1 公平理论

a 为当事人,b 为参照人,Oa 为自己的报酬,Ia 为自己的付出,
Ob 为他人的报酬,Ib 为他人的付出。

比较可以产生三种基本心理状态:

(1) 两者比率相等,报酬合理。收入=付出,产生公平感。

(2) 两者比率不等,收入＞付出,心理不平衡、多疑。

(3) 两者比率不等,收入＜付出,心理不平衡,工作积极性降低。

后来西波特和沃尔克又提出了一个新的概念——程序公平(procedural justice)。他们发现,当人们得到了不理想的结果时,如果认为过程是公正的,也能接受这个结果。程序公平会影响员工对领导的信任,也会影响最终的激励效果。因此,现在我们所说的公平,实际上包括了程序公平和分配公平两个方面,即员工既注重报酬分配的过程,也注重报酬本身。

现在许多组织在制定资源的分配程序时,非常注重吸收员工的参与,如在制定奖惩标准、晋升和绩效评估的政策时,让员工有机会表述自己的意见,这样员工就获得了对程序公平的认可,因此最后的公平感就会提高。

第三单元　调整型激励理论

一、强化理论

1. 基本内容

强化理论,即操作性条件反射理论,是斯金纳提出的行为主义论。斯金纳提出强化是增强某种行为出现概率的手段,是保持行为和塑造行为必不可少的关键因素。所谓强化是指对某种行为给予肯定、奖励,使该行为巩固和保持,或对某种行为给予否定、处罚,使该行为减弱和消退的心理过程。斯金纳认为动机引起行为后,要保持或者取消该行为就要靠强化。没有强化不可能有正确的行为,也不可能避免错误的行为。强化理论着重强调人的行为结果对其行为的反作用,指出行为的结果如果有利于个体,使其需要得到满足,则这种行为便会加强并重复出现,如果不利于个体则这种行为会消退和终止。

2. 强化的类型

(1) 正强化。是指对某种行为给予奖励、肯定,使该行为得以保持和加强。

(2) 负强化。用减少惩罚的方式,鼓励其不良行为的减少,使其改变后的行为再现和增加。负强化和正强化的目的一样,都是想维持和增加某一有利的行为。

(3) 自然消退。取消对某些行为的强化,以表示对该行为的轻视或某种程度的否定,使其行为逐渐消失。如领导对职工的某些行为不予奖励,本身就是给这行为泼冷水,表示不认同。

(4) 惩罚。是用惩罚性手段减少个体不良行为出现的概率,使该行为逐渐消失。

3. 强化的方式

强化方式主要有连续型和间歇性两种。连续性强化是指每次发生的行为都受到强化。间歇性强化是指非连续的强化,即不是每次发生的行为都受到强化,而是在目标行为出现若干次后才给予一次强化。这种间歇的强化一般有四种形式:固定间隔、固定比率、可变间隔和可变比率。

表7-1　四种间歇性强化方式

类型	强化方式
固定间隔	每隔固定的一段时间给予一次强化。

(续)

类型	强化方式
可变间隔	每次强化的时间间隔是变动的。
固定比率	不考虑行为的时间间隔，在行为达到一个固定的数字后立即给予强化。
可变比率	强化的次数与目标行为发生的次数间的比例是变动的。

二、挫折理论

挫折理论是关于员工的目标行为受到挫折后，如何解决这一问题并继续调动其积极性的激励理论。管理者学习挫折理论，应该掌握员工遇到挫折后会有哪些心理行为表现，如何预防或杜绝消极行为的产生，如何将消极行为转化为积极的行为。

1. 建设性心理防御

(1) 升华。当遭受挫折时，把敌对、悲愤等消极情绪转化为积极进取的动力，从而取得更有意义的成就。这是建设性程度最高的一种防御机制。

(2) 补偿。当个体追求实现某一目标受挫时，则改为追求其他的目标，以补偿和取代原来未能实现的目标。

(3) 重新解释。即重新解释目标，当个体达不到既定目标时，则延长完成期限、修订或重新调换目标。

2. 破坏性心理防御

(1) 攻击。也称为侵犯、侵略。是一种非理智的、消极的、带有破坏性的公开对抗的行为。这种攻击或针对受挫者认为的挫折源，或针对无关的旁人或自己。心理学家认为，攻击行为是由于动机受挫产生的结果。如个体在追求某个目标时遭受阻挠，碰到挫折，攻击行为就容易发生。

(2) 逃避。是指人受挫后不敢面对现实，而是采取回避的态度，力图从其他活动中寻找乐趣，以冲淡挫折感。

(3) 冷漠(压抑)。当一个人受到挫折后压力过大，无法攻击或攻击无效，或因攻击而招致更大的痛苦，于是便将他愤怒的情绪压抑下来，采取冷漠行为。表面上看，似乎对挫折漠不关心，表示冷漠退让，但实际上受挫者的内心十分痛苦。

(4) 文饰。为解释某种受挫的行为寻找借口，这种解释既不客观、也不合乎逻辑，但自己却能从中得到心理的安宁。

(5) 推诿。人们受到挫折后会想出各种理由原谅自己或者为自己的过失辩解，将自己的错误推给别人。

第三节 群体心理

第一单元 群体概述

一、群体的概念

群体是指为了实现特定的目标，由两个或两个以上情感上相互依赖、思想上相互影响、遵守共同的行为规范的个体组成的集合体。或者说群体是介于个体和组织之间的特殊的人群结合体。群体能够完成组织赋予的基本任务，包括某些特殊任务，并且群体的存在有利于组织做出复杂决策。群体能够将组织内个体的力量组合成新的力量，有利于满足组织内成员的心理需要，包括安全需要、地位需要、自尊需要、情感需要和权力需要。群体的特征是：①有共同的目标。这个目标必须由全体成员的共同合作才能实现。这是构成和维持群体的基本条件。②群体内部成员之间相互依赖、相互影响。在心理上彼此意识到对方的存在，在行为上相互影响。群体成员有感情、思想、工作上的交流。③群体的每个成员必须遵守共同的规范。这些规范是由群体成员共同制定的，或者是群体成员承认并达成共识的，它不因成员的去留而改变。

二、群体的种类

1. 正式群体和非正式群体

（1）正式群体。正式群体是有正式文件明文规定的群体。正式群体的特征：①为了完成组织赋予的任务而设立的有固定编制的群体；②成员之间有共同的目标和利益关系；③每个成员有明确的分工，并且要承担规定的职责和义务；④有成员必须遵守的完备的规章制度和行为规范；⑤加入正式群体要履行一定的手续；⑥有确定的上下级关系，成员之间的关系正式而稳定。

（2）非正式群体。非正式群体是没有正式组织程序和明文规定的群体，是在个体相互交往中自发形成的，它常常由一些性格相投、志趣一致、信念相通、情感亲近、关系密切的个体集合而成。非正式群体的特征：①有较强的凝聚力和影响力；②有自然形成的领导人物；③群体中信息沟通灵敏。非正式群体形成的原因大致有三点，其一是利益和观点的一致性（如一些抢劫犯罪团伙、观点相似的一群好友）；其二是兴趣爱好的一致性（如摄影小组、足球俱乐部）；其三是经历和背景的相似性（如同学、同乡）。

根据群体性质，可将非正式群体分为以下四类：①积极型非正式群体，促进正式群体工作的开展，使之更有效的发挥功能。②中间型非正式群体，对正式群体的作用可能是积极的促进作用，也可能是消极的阻碍作用，最终作用如何，关键在于引导。③消极型非正式群体，与组织目标不一致，但未违法，仅起消极作用。也许会阻碍正式群体工作的开展与目标的实现。④破坏型非正式群体，与组织和社会规范对立，如各种违法团伙。

对非正式群体的管理应根据其性质的不同区别对待。对积极型非正式群体因其活动能促进正式群体目标的实现，应予以支持。对破坏型非正式群体，应采取措施予以改造、取缔和制裁。对中间型、消极型的非正式群体应积极加以引导。引导时应注意目标导向，使非正式群体的目标和正式群体的目标相一致，同时要做好核心人物的工作。

2. 实际群体和假设群体

实际群体是指在现实生活中实际存在的群体，群体成员之间有直接或间接的联系，他们由共同的目标和活动相互结合在一起。如同一病区的医护人员，他们为了共同的工作任务整天工作在一起，每个人的行为活动与其他人息息相关。前面讲的正式群体和非正式群体都是实际群体，此处群体心理研究主要是指实际群体。

假设群体也叫统计群体，是指实际上并不存在，只是为了研究和分析需要而假设其存在的群体，如年龄群体、性别群体、职业群体等。

3. 大型群体和小型群体

群体的大小是相对的概念，从社会心理学角度来说，大小群体的划分是以群体成员之间有没有直接的面对面的联系和接触为标准。大型群体中成员之间的联系和接触是通过间接方式进行的，小型群体中群体成员有直接、面对面地接触和联系，因而小型群体内心理因素的作用相对较大；而大型群体，如民族、国家、政党等，由于成员之间的联系主要依靠组织机构和组织目标，所以相对来说，社会因素比心理因素有更大的作用。

第二单元　群体行为的基本规律

一、群体动力学研究

在早期群体理论的研究中，具有历史意义的是德国社会心理学家勒温提出的群体动力学理论。勒温用物理学的场理论和力学概念，说明群体成员之间的相互关系。他认为人们结成的群体是不断变化的。群体行为不是群体中个体行为的简单加总，群体心理气氛、价值观念、行为规范会对个体行为产生巨大影响。个体在群体中会产生不同于独处时的行为表现。

20世纪20年代末，德国心理学家林格曼在拉绳子测验中，比较了个人绩效与群体绩效。林格曼发现群体绩效与群体中个体绩效之间的关系可能有大于、等于或小于三种情形，而且随着群体规模增大，成员付出的努力却减少。他原以为群体绩效应是个体绩效的总和，但是实际测量的结果却没有证实他的假设。三人群体产生的拉力只是一个人拉力的2.5倍，八人群体产生的拉力还不到一个人拉力的4倍。这是"1+1<2"的情况。

"1+1>2"的情况发生在一个成功的管理者所管理的组织中，例如20世纪初，亨利·福特将复杂的汽车生产过程分解为一个个尽可能简单的工作，并分配给每一个员工，每一个员工只做一种简单而不断重复的工作，这些简单的工作前后相连构成一条汽车生产流水线。

二、群体规范

群体规范又称群体行为规范，是一种为群体成员共同接受并遵守的行为准则。

1. 群体规范的范围

群体规范尽管多种多样，但大致涉及以下几个方面：第一，关于工作绩效，如成员应完成多少任务、应当付出多大努力、不能偷懒等；第二，关于仪表形象，如成员应如何着装、不能穿拖鞋等；第三，关于人际交往，如应和谁交往、不能和谁太近等；第四，关于资源分配，如哪些人的收入应多一些、晋升机会是否轮流等。

2. 规范的形成

群体规范的形成是一个复杂的过程。一般而言，规范的来源有四个：第一，前例。例如，第一次群体会议时的行为往往成为以后的标准；第二，其他情景的迁移。群体成员通常从他人的经历中提取某些准则用于指导新情况下的行为；第三，管理者的明确指导。在什么情况下应当如何做，管理者往往有明确的指令。这些指令固定下来成为群体规范；第四，以往的关键事件。例如，由于某员工的泄密使组织蒙受巨大损失后，保密规范便被制定出来。

群体规范有正式规范和非正式规范之分。正式规范是写入组织手册，用正式的文件明文规定一些规章制度、行为规则和程序等，如岗位职责、操作标准、考勤制度等。非正式的规范则是群体自发的，不成文的，约定俗成的一些行为标准。

三、群体压力与从众行为

群体压力是一种心理、精神上的压抑、压迫感。在群体内,当个人的意见与多数成员的意见不一致时,会感到心理紧张,有一种无形的压力,这种压力就是群体压力。

群体压力与自上而下的命令不同,它不具有强制执行的性质,但是个体在心理上很难违抗,因此其改变个体行为的效果有时比权威的命令更大。在群体压力下,群体成员企求自己的行为跟从群体的倾向称为从众行为。

四、社会助长与社会惰化

1. 社会助长

社会助长是指由于他人同时参加或在场旁观,从而使个体行为效率得到提高的现象。这种群体对个人行为的促进作用称为社会助长作用。但是,他人在场旁观或共同活动并不总是导致个人的活动效率提高,新演员、新教师刚刚上台时,往往由于他人在场而情绪紧张、手脚无措、失误增多。这种由于他人在场或同时参加而降低个人活动效率的现象叫作社会干扰作用。

2. 社会惰化

社会惰化(social loafing)也叫社会逍遥,指群体一起完成一件事情时,个人所付出的努力比单独完成时偏少的现象。具体例子请参见本单元第一部分对拉绳子测验的描述。

第三单元 群体凝聚力在管理中的运用

群体凝聚力是指群体对成员的吸引程度和群体成员之间关系的亲密程度。群体凝聚力是维持群体存在的必要条件。如果一个群体丧失了凝聚力,对其成员没有吸引力,群体犹如一盘散沙,这个群体就难以维持下去,即使是名义上还存在,而实际上已经丧失了群体的力量和功能。因此,群体凝聚力是实现群体功能,达到群体目标的重要条件。

一、影响群体凝聚力的因素

1. 内部因素

(1)成员的同质性。成员同质性越高,群体凝聚力越大。

(2)群体的规模。群体规模越大,群体凝聚力往往越小。另有研究发现,规模对凝聚力的影响同性别有关。由单一性别组成的群体,规模越大,凝聚力越小;性别混合的团体，规模越大，凝聚力也越大。

（3）群体的目标。群体目标越明确，凝聚力越大。

（4）奖惩制度。公平的奖惩制度会在一定程度上提升群体凝聚力。

（5）管理者的领导方式。民主的领导方式有助于提高群体凝聚力。

2. 外部因素

（1）外部压力。当群体面临外来威胁时，凝聚力会增大。不过，如果成员认为群体无法"抵御外敌"，则群体凝聚力不会增加。

（2）群体的社会地位。群体的社会地位越高，其凝聚力越大。另外，如果加入一个群体的难度越大、可能性越小，其群体内成员的凝聚力越大。

二、群体凝聚力与生产率的关系

社会心理学家沙赫特等人在严格控制的实验条件下，研究了群体凝聚力与生产率之间的关系。结果显示，凝聚力与生产率之间没有完全直接的关系，即无论凝聚力高低，若群体规范追求高绩效则生产率提高，只是相较于低凝聚力群体，高凝聚力群体的生产率更高。由此可见，并不是凝聚力高生产效率就高，只有在群体目标与组织目标相一致的基础上，高凝聚力才能产生高的生产效率，反之，如果群体的目标与组织的目标背道而驰，则高凝聚力反而会降低生产效率。

第四节　领　导　心　理

第一单元　领导的影响力

领导是指引导和影响个人、群体或组织，在一定条件下实现某种目标的能力。在实现目标行动的过程中，实施引导和影响任务的人叫作领导者，接受引导和影响的人称为被领导者。所说的"一定条件"指的是领导行为产生和进行的客观环境。领导功能包括组织功能和激励功能。组织功能包括制定目标规划、加强组织建设、实施监督、控制等。激励功能表现为运用各种手段，最大限度地调动组织成员的积极性，以保证目标实现。

影响力是指一个人在与他人交往中，影响和改变他人的心理与行为的能力。人与人在交往过程中，通过言语、动作、表情等方式产生着相互影响。几乎所有的人都有影响和改变他人的能力。由于领导者身居要职，作用特殊，其影响和改变被领导者的心理和行为的能力更强，意义也更大。

一、权力性影响力

权力性影响力也叫强制性影响力，是指担任一定领导职务的领导者，因掌握一定的权力而对被领导者产生的影响力。它是"权"的体现，属于硬件影响力。一般来说，权力性影响力是由社会赋予个人的职务、地位、权力与资历等构成的，所以它是掌权者才具有的，是工作岗位性质决定的正常权力。这种影响力的存在时间开始于领导者接受权力，终止于领导者交出权力。构成权力性影响力的因素有如下三种：①传统因素，即指人们对领导者的一种传统观念。②职位因素，这是一种社会性因素，职位是一种社会分工，是一个人在组织中的职务与地位。③资历因素，即指领导者的资格、经历与阅历因素。权力性影响力的特点有：

（1）对别人的影响带有强迫性与不可抗拒性，违抗要遭到惩处。
（2）以外部压力的形式发挥作用，对员工的激励作用有限。
（3）被影响者的心理和行为表现为被动服从，缺乏自觉性、主动性、积极性。
（4）领导者与被领导者的心理距离较大。

二、非权力性影响力

非权力性影响力也叫自然性影响力，是由领导者自身的素质和行为产生的影响力，它的核心是"威"（威望、威信），属于软件影响力。构成非权力影响力的基本要素有：①品格因素。这是领导者的本质性因素，领导者的品格主要包括道德、品行、性格、作风等。②才能因素。即指领导者的聪明才智和工作能力、专业能力。③知识因素。知识是人类社会历史经验的总结和概括。④感情因素。感情是人对客观对象好恶亲疏倾向的内心体验，是情绪与情感的一种提法。非权力性影响力有如下特点：

（1）这种影响力不是单纯外力的，员工常在心悦诚服的情况下，自觉、自愿地接受影响。
（2）领导者与被领导者关系和谐、心理相容。
（3）比权力性影响力有更强的、更持久的影响力量。

三、两种影响力的关系

由于权力性影响力和非权力性影响力有着本质上的区别，因此在实施领导行为的过程中二者所起的作用和所处的地位也不同。

权力性影响力是领导影响力的前提要素，非权力性影响力是领导影响力的基础要素,两者互相影响、相互作用。一名领导者只有权力性影响力而无非权力性影响力,权力性影响力也很难发挥作用。从激励作用来看,非权力性因素起主导而较长久的作用,权力性因素起次要而短期的作用。

一般来说,领导者的权力性影响力是个常数(在权力大小不变和社会环境不变的情况下),而非权力性影响力是个变量。正是由于对这个变量的运用和使用不同,领导者的工作成效才有了高低之分。如果领导者的非权力影响水平高,则对权力性影响力起增力作用,反之,起减力作用。

第二单元 领导特质理论

一、鲍莫尔教授的研究

美国普林斯顿大学鲍莫尔认为一个领导者应具备 10 项特质:①合作精神;②决策才能;③组织能力;④精于授权;⑤善于应变;⑥勇于负责;⑦敢于求新;⑧敢担风险;⑨尊重他人;⑩品德超人。

二、斯托蒂尔的研究

美国俄亥俄州立大学工商研究所的斯托蒂尔把领导特征归纳为以下几类,见表 7-2:

表 7-2 斯托蒂尔的领导特质理论

领导特征	具体内容
身体特征	包括体力、年龄、身高、外貌等。
背景特征	包括教育、经历、社会地位、社会关系等。
智力特征	包括知识、智商、判断分析能力、口才等。
人格特征	包括热情、自信、独立、外向、机警、果断等。
与工作有关的特征	包括责任感、高成就需要、勇于承担责任、首创性、毅力、事业心等。
社会特征	包括指挥能力、合作、声誉、善于交际、积极参加各种活动等。

三、凌文栓提出的领导特质理论

我国心理学家凌文栓提出优秀的领导者应该具备如下四个方面的素质特征:

(1) 个人品德。包括良好的政治品质和工作作风。

(2) 有效达成目标的能力。这是指与领导者的工作有关的一些能力，如敏锐的观察力和判断力、创新应变能力、解决问题的能力、决策能力。

(3) 处理上下级关系及人际交往的能力。

(4) 知识技能的多面性。这是指领导者应该具备一般的社会科学和自然科学的知识，要有丰富的生活经验和社会经验。

总之，基于大量研究可以看出：具备某些特质的人确实能提高成为一位优秀领导者的可能性，但没有一种特质是成功的保证。

第三单元　领导行为理论

一、领导行为四分图理论

美国俄亥俄州立大学的研究者，在列举一千多种领导行为因子的基础上，开发出包含15个题目的"领导行为描述问卷"。用此问卷对领导者进行调查。最后根据问卷得分将领导行为倾向分为两大类：关心人的领导和关心工作的领导。关心人的领导强调建立相互信任的人际关系，尊重下级的意见、重视员工的感情。关心工作的领导重视任务的完成情况，重视工作技术，而把员工看成是达到目标的工具。

上述两类领导行为在一个领导者身上的表现水平不一致。研究者据此归纳出四种组合，提出了著名的"领导行为四分图"，见图7-2。

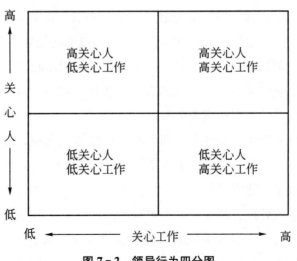

图7-2　领导行为四分图

二、管理方格理论

美国德克萨斯州立大学的布莱克和莫顿在领导行为四分图的基础上，提出了管理方格理论。他们提出了分别用横坐标与纵坐标表示以工作为中心的领导和以员工为中心的领导两个维度，每个维度按得分高低可分为九个等级，绘出管理方格图。该图形每一小方格代表一种领导类型，共有 81 种。其四角和中心方格（即 1.1，1.9，9.1，9.9，5.5）代表五种典型的领导行为类型。

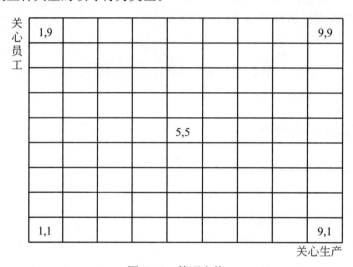

图 7-3 管理方格

（1，9）：乡村俱乐部型管理；（9，9）：团队型管理；
（1，1）：无为而治式管理；（9，1）：权威型管理；（5，5）中间型管理

"1.1"型是无为而治式管理。领导者对员工关心最少，对工作要求也最低。对职工感情和工作都不关心。这是饱食终日、无所用心的虚弱的领导。

"1.9"型是乡村俱乐部型管理。领导者关心员工的程度较高，对工作任务关心不够。领导者为建立满意的关系而关心人的需要，从而导致一个友好舒适的组织气氛和工作速度。可是对任务的效率却不大关心。

"9.1"型是权威型管理。领导者特别关心生产任务的完成，注意工作条件与工作效率，但不关心员工的需要、感情、士气及其发展。所以在短期内生产效率可能很高，但长期下去，生产效率可能降低。

"9.9"型是团队型管理。领导者特别重视生产任务和工作条件，同时也十分关心员工的感情与需要。员工完成任务同时，心理需要也得到满足，并达到与领导者互相信任、互相尊重，因而工作效率高，这是管理绩效最好的一种类型。

"5.5"型是中间型管理。领导者即关心员工的需要，又对完成生产任务有所要求，

力求平衡，维持一定的满意程度。在工作中常采取胡萝卜加大棒的方法，对问题的处理上，常采取折中的态度，如在处理人的需求和生产的固有矛盾时，不是寻求对生产和人都有利的最佳方法，而是去寻求两者都能接受的标准。

第四单元　领导权变理论

以上几种领导理论，都是偏重于领导者本身的素质、行为和作风的研究，而对领导行为成效的其他因素没有充分的涉及。但是在管理实践中，人们发现领导的行为效率，除了与领导自身的一些因素有关之外，还与被领导者的特点、环境因素有关。因此，领导权变理论主要是从领导者、被领导者和环境三个维度上探讨领导行为的有效性。探讨为实施有效的领导，对不同的被领导者，在不同的情境因素下，需要什么样的领导素质和行为。

一、费德勒模型

从 1951 年起，经过 17 年的研究，美国华盛顿大学费德勒在 1967 年提出领导权变理论，人们称之为费德勒模型。

费德勒的"权变"并不是指领导者可以完全根据情景改变自己的领导风格，他认为人们的领导风格是与生俱来的，个人不可能改变自己的风格去适应变化的情境。所以领导者应根据自己的领导风格，找到最适合的工作情景，这样才能实现最佳的领导效能。

费德勒开发了"最难共事者问卷"（least preferred coworker，LPC），用来测量个体的领导风格是任务取向还是关系取向。

确定了领导风格之后，还需要对情景进行评估，并将领导者与情景进行匹配。费德勒认为应该从三个方面确定情景特征：

（1）上下级关系：领导者对下属信任、信赖、尊敬的程度，以及下级对领导者信任、喜爱、尊敬和愿意追随的程度。这是决定领导者在下属中控制力和影响力的最重要的因素。

（2）任务结构：这是指下属对所担负的工作任务的明确程度。若目标明确，职责分明，有现成程序、规则可以遵循，即为任务结构性高，这是判断情景因素的次重要因素。

（3）职位权力：是指领导者拥有的权力变量（如解雇、聘用、训导、晋升、加薪）的影响程度。

三种情景因素可搭配成 8 种组合，如表 7-3 所示。其中上下级关系好、任务结构性高而职权又大,有最大的情景控制与影响力,属最有利的领导情景;反之,上下级关系不好,任务结构性低而职权又小,对情景控制与影响力最小,属最不利的情景。

表7-3 费德勒领导类型与情景变量之间的关系

对领导是否有利	上下级关系	任务结构	职位权力	有效领导类型
有利	好	高	强	任务导向型
	好	高	弱	任务导向型
	好	低	强	任务导向型
中间状态	好	低	弱	人际关系型
	差	高	强	人际关系型
	差	高	弱	人际关系型
	差	低	强	任务导向型
不利	差	低	弱	任务导向型

费德勒发现,三种情景因素的重要性并不相同,对情景控制力影响最大的是上下级关系,它若不好,控制力降低。次重要的是任务结构,它若也偏低,对情景的控制力将进一步削弱。职位权力最不重要,但若偏小,当然也不利。

费德勒以大量研究表明,任务型的(LPC分较低)领导风格在非常有利或非常不利的情景下更有效。关系型(LPC分较高)的领导风格在中等情景状态下更有利。

根据这些发现,费德勒主张设法使人们的领导风格与相应有效的情景匹配,使各自发挥所长,人尽其用。按照费德勒的观点,领导风格是稳定不变的。因此提高领导行为的有效性实际上只有两条途径:

(1) 通过改变情景,如改善上下级关系,提高任务的结构性、赋予更大职权等来迎合对应的领导风格;

(2) 把领导者调到适合其风格的新的岗位上去,使风格和情景良好相配。如群体所处的情景十分不利,而当前又是一个关系取向的管理者,那么,最好替换一个任务取向的管理者,才会提高群体绩效。

二、领导生命周期理论

美国俄亥俄州立大学的心理学家卡曼最初提出的领导生命周期理论(life cycle theory of leadership),也叫领导寿命循环理论或情景领导理论(situational leadership theory)。后来赫塞和布兰查德又发展了这一理论。

该理论的主要观点是被领导者的行为才是领导模式施行的根据。即领导者所采用的任何模式都应根据下属的行为表现而定,应根据下属的成熟程度,不断地调整、改变领导的风格,这样才能成为有效的领导。因此,该理论认为"高关心工作,高关心人"的领导风格并不经常有效,"低关心工作,低关心人"的领导风格并不经常无效,关键要看下属的成熟程度如何。

对于成熟度,赫塞和布兰查德将其定为:个体完成某一具体任务的能力和意愿的程度。如果员工有能力,并且愿意完成目前所从事的事业,则他的成熟度就高。

1. 领导风格

领导生命周期理论也将领导风格分为工作维度和关系维度,从而组合成四种具体的领导风格:①告知(高工作—低关系),也叫命令,由领导者定义角色,告诉下属做什么、怎么做以及在何时何地做,其强调指导性行为,通常采用单向沟通的方式;②推销(高工作—高关系),也叫说服,领导者同时提供指导性行为与支持性行为,领导者除了向下属布置任务外,还与下属共同商讨工作的进行,比较重视双向沟通;③参与(低工作—高关系),领导者与下属共同决策,领导者的主要角色作用是促进工作的进行,提供便利条件与沟通。④授权(低工作—低关系),领导者几乎不提供指导与支持,通过授权鼓励下属自主做好工作。

2. 员工的成熟状态

员工的成熟度包括两方面内容,一是工作成熟度,指员工的工作能力;二是心理成熟度,指从事工作的意愿或动机。两种不同方面的成熟度结合形成四种类型:①"没意愿,没能力",这些人在执行工作任务时既无能力又不情愿。缺乏能力与意愿的人在进行工作的时候会表现十分无能(毫无相关知识与技能)而且没有兴趣学习。②"有意愿,没能力",这些人缺乏能力,但却愿意从事必要的工作。他们有积极性,但是目前缺乏足够的技能。③"没意愿,有能力",这些人有能力但却不愿意干领导者希望他们做的工作。④"有意愿,有能力",这些人有能力又愿意干他们的工作。

每个人都要经历从不成熟到逐渐成熟的发展过程,这就是该理论所说的被领导者成熟度发展的"生命周期"。

3. 相应的领导行为

领导者应该随着下属的成熟度的不同,相应的调整领导行为。根据领导生命周期理论,不成熟的、未经训练的下属,则应给予更多的管理、控制和监督;而成熟、负责的员工,只要有较松的控制、有弹性的组织和一般的监督,就能发挥其潜力。具体如下:

(1) 当下属成熟度较低时,需要比较明确的指示,因而应采取"高工作—低关系",即命令式的领导方式,以单向下达任务的沟通方式为主。

(2) 当下属成熟度逐渐提高时,就应采取"高工作—高关系",即说服式的领导方式，高工作行为用来补偿下属的能力的不足，而高关系行为则能够尽量使下属愿意按照领导的意图办事。这种领导方式下，除了必要的命令外，主要通过说服、感情沟通、相互支持来完成任务。在这种情况下，领导者会同时采用较多的关系行为和大量的任务行为。领导者要采取解释、劝服的手段对员工进行指导性的任务行为的同时给予情感上的支持，并向员工解释为什么有些事必须要按照一定的方式去做。

（3）当下属成熟度有较大提高时，最好采取"低工作—高关系"，即参与式的领导方式，领导者以一种支持的、无指导的领导风格让下属参加讨论，加强交流，注重双向的思想沟通，由领导和下属共同做出决定。

（4）当下属相当成熟时，领导几乎不需要做什么事，因为下属已经是既能干又愿意干的人，这时可以采取"低工作—低关系"，即授权式的领导方式，赋予下属较多的权利，领导只需要抓住决策和监督工作。

附录

中国心理学会
临床与咨询心理学工作伦理守则（第一版）*

中国心理学会
临床与咨询心理学专业机构与专业人员伦理守则制定工作组
2007年1月

中国心理学会（以下简称"本学会"）制定的临床与咨询工作伦理守则（以下简称"本守则"），是本学会根据中华人民共和国民政部《社会团体登记管理条例》和其他国家相关法律、法规，授权中国心理学会临床与咨询心理学专业机构与专业人员注册标准制定工作组（以下简称"制定工作组"）在广泛征集有关专业人士的意见后制定的。制定本守则的目的是让心理师、寻求专业服务者以及广大民众了解心理治疗与心理咨询工作专业伦理的核心理念和专业责任，并借此保证和提升心理治疗与心理咨询专业服务的水准，保障寻求专业服务者和心理师的权益，增进民众的心理健康、幸福和安宁，促进和谐社会的发展。本守则亦作为本学会临床与咨询心理学注册心理师的专业伦理规范以及本学会处理有关临床与咨询心理学专业伦理申诉的主要依据和工作基础。

总则

善行：心理师工作目的是使寻求专业服务者从其提供的专业服务中获益。心理师应保障寻求专业服务者的权利，努力使其得到适当的服务并避免伤害。

---

* 原载《心理学报》，2007年第39卷第5期，947-950页.

责任：心理师在工作中应保持其专业服务的最高水准，对自己的行为承担责任。认清自己专业的、伦理及法律的责任，维护专业信誉。

诚信：心理师在临床实践活动、研究和教学工作中，应努力保持其行为的诚实性和真实性。

公正：心理师应公平、公正地对待自己的专业工作及其他人员。心理师应采取谨慎的态度防止自己潜在的偏见、能力局限、技术的限制等导致的不适当行为。

尊重：心理师应尊重每一个人，尊重个人的隐私权、保密性和自我决定的权利。

1. 专业关系

心理师应尊重寻求专业服务者，按照专业的伦理规范与寻求专业服务者建立良好的专业工作关系，这种工作关系应以促进寻求服务者的成长和发展，从而增进其自身的利益和福祉为目的。

1.1 心理师不得因寻求专业服务者的年龄、性别、种族、性取向、宗教和政治信仰、文化、身体状况、社会经济状况等任何方面的因素歧视对方。

1.2 心理师应尊重寻求专业服务者的知情同意权。在临床服务工作开始时和工作过程中，心理师应首先让对方了解专业服务工作的目的、专业关系、相关技术、工作过程、专业工作可能的局限性、工作中可能涉及的第三方的权益、隐私权、可能的危害以及专业服务可能带来的利益等相关信息。

1.3 心理师应依照当地政府要求或本单位的规定恰当收取专业服务的费用。心理师在进入专业性工作关系之前，要对寻求专业服务者清楚地介绍和解释其服务收费的情况。不允许心理师以收受实物、获得劳务服务或其他方式作为其专业服务的回报，因为它们有引起冲突、剥削、破坏专业关系等潜在的危险。

1.4 心理师要明了自己对寻求专业服务者的影响力，尽可能防止损害信任和引起依赖的情况发生。

1.5 心理师应尊重寻求专业服务者的价值观，不代替对方做出重要决定，或强制其接受自己的价值观。

1.6 心理师应清楚地认识自身所处位置对寻求专业服务者的潜在影响，不得利用对方对自己的信任或依赖利用对方，或者借此为自己或第三方谋取利益。

1.7 心理师要清楚地了解双重关系（例如与寻求专业服务者发展家庭的、社交的、经济的、商业的或者亲密的个人关系）对专业判断力的不利影响及其伤害寻求专业服务者的潜在危险性，避免与寻求专业服务者发生双重关系。在双重关系不可避免时，应采取一些专业上的预防措施，例如签署正式的知情同意书、寻求专业督导、做好相关文件的记录，以确保双重关系不会损害自己的判断并且不会对寻求专业服务者造成危害。

1.8 心理师不得与当前寻求专业服务者发生任何形式的性和亲密关系,也不得给有过性和亲密关系的人做心理咨询或治疗。一旦业已建立的专业关系超越了专业界限(例如发展了性关系或恋爱关系),应立即终止专业关系并采取适当措施(例如寻求督导或同行的建议)。

1.9 心理师在与某个寻求专业服务者结束心理咨询或治疗关系后,至少三年内不得与该寻求专业服务者发生任何亲密或性关系。在三年后如果发生此类关系,要仔细考察关系的性质,确保此关系不存在任何剥削的可能性,同时要有合法的书面记录备案。

1.10 心理师在进行心理咨询与治疗工作中不得随意中断工作。在心理师出差、休假或临时离开工作地点外出时,要对已经开始的心理咨询或治疗工作进行适当的安排。

1.11 心理师认为自己已不适合对某个寻求专业服务者进行工作时,应向对方明确说明,并本着为对方负责的态度将其转介给另一位合适的心理师或医师。

1.12 在专业工作中,心理师应相互了解和相互尊重,应与同行建立一种积极合作的工作关系,以提高对寻求专业服务者的服务水平。

1.13 心理师应尊重其他专业人员,应与相关专业人员建立一种积极合作的工作关系,以提高对寻求专业服务者的服务水平。

2. 隐私权与保密性

心理师有责任保护寻求专业服务者的隐私权,同时认识到隐私权在内容和范围上受到国家法律和专业伦理规范的保护和约束。

2.1 心理师在心理咨询与治疗工作中,有责任向寻求专业服务者说明工作的保密原则,以及这一原则应用的限度。在家庭治疗、团体咨询或治疗开始时,应首先在咨询或治疗团体中确立保密原则。

2.2 心理师应清楚地了解保密原则的应用有其限度,下列情况为保密原则的例外:①心理师发现寻求专业服务者有伤害自身或伤害他人的严重危险时。②寻求专业服务者有致命的传染性疾病等且可能危及他人时。③未成年人在受到性侵犯或虐待时。④法律规定需要披露时。

2.3 在遇到2.2中的①、②和③的情况时,心理师有向对方合法监护人或可确认的第三者预警的责任;在遇到2.2中④的情况时,心理师有遵循法律规定的义务,但须要求法庭及相关人员出示合法的书面要求,并要求法庭及相关人员确保此种披露不会对临床专业关系带来直接损害或潜在危害。

2.4 心理师只有在得到寻求专业服务者书面同意的情况下，才能对心理咨询或治疗过程进行录音、录像或演示。

2.5 心理师专业服务工作的有关信息包括个案记录、测验资料、信件、录音、录像和其他资料，均属于专业信息，应在严格保密的情况下进行保存，仅经过授权的心理师可以接触这类资料。

2.6 心理师因专业工作需要对心理咨询或治疗的案例进行讨论，或采用案例进行教学、科研、写作等工作时，应隐去那些可能会据此辨认出寻求专业服务者的有关信息(得到寻求专业服务者书面许可的情况例外)。

2.7 心理师在演示寻求专业服务者的录音或录像，或发表其完整的案例前，需得到对方的书面同意。

3. 职业责任

心理师应遵守国家的法律法规，遵守专业伦理规范。同时，努力以开放、诚实和准确的沟通方式进行工作。心理师所从事的专业工作应基于科学的研究和发现，在专业界限和个人能力范围之内，以负责任的态度进行工作。心理师应不断更新并发展专业知识、积极参与自我保健的活动，促进个人在生理上、社会适应上和心理上的健康以更好地满足专业责任的需要。

3.1 心理师应在自己专业能力范围内，根据自己所接受的教育、培训和督导的经历和工作经验，为不同人群提供适宜而有效的专业服务。

3.2 心理师应充分认识到继续教育的意义，在专业工作领域内保持对当前学科和专业信息的了解，保持对所用技能的掌握和对新知识的开放态度。

3.3 心理师应保持对于自身职业能力的关注，在必要时采取适当步骤寻求专业督导的帮助。在缺乏专业督导时，应尽量寻求同行的专业帮助。

3.4 心理师应关注自我保健，当意识到个人的生理或心理问题可能会对寻求专业服务者造成伤害时，应寻求督导或其他专业人员的帮助。心理师应警惕自己的问题对服务对象造成伤害的可能性，必要时应限制、中断或终止临床专业服务。

3.5 心理师在工作中需要介绍自己情况时，应实事求是地说明自己的专业资历、学位、专业资格证书等情况，在需要进行广告宣传或描述其服务内容时，应以确切的方式表述其专业资格。心理师不得贬低其他专业人员，不得以虚假、误导、欺瞒的方式对自己或自己的工作部门进行宣传，更不能进行诈骗。

3.6 心理师不得利用专业地位获取私利，如个人或所属家庭成员的利益、性利益、不平等交易财物和服务等。也不得利用心理咨询与治疗、教学、培训、督导的关系为自己获取合理报酬之外的私利。

3.7 当心理师需要向第三方(例如法庭、保险公司等)报告自己的专业工作时,应采取诚实、客观的态度准确地描述自己的工作。

3.8 当心理师通过公众媒体(如讲座、演示,电台、电视、报纸、印刷物品、网络等)从事专业活动,或以专业身份提供劝导和评论时,应注意自己的言论要基于恰当的专业文献和实践,尊重事实,注意自己的言行应遵循专业伦理规范。

4. 心理测量与评估

心理师应正确理解心理测量与评估手段在临床服务工作中的意义和作用,并恰当使用。心理师在心理测量与评估过程中应考虑被测量者或被评估者的个人和文化背景。心理师应通过发展和使用恰当的教育、心理和职业测量工具来促进寻求专业服务者的福祉。

4.1 心理测量与评估的目的在于促进寻求专业服务者的福祉,心理师不得滥用测量或评估手段以牟利。

4.2 心理师应在接受过心理测量的相关培训,对某特定测量和评估方法有适当的专业知识和技能之后,方可实施该测量或评估工作。

4.3 心理师应尊重寻求专业服务者对测量与评估结果进行了解和获得解释的权利,在实施测量或评估之后,应对测量或评估结果给予准确、客观、可以被对方理解的解释,努力避免其对测量或评估结果的误解。

4.4 心理师在利用某测验或使用测量工具进行记分、解释时,或使用评估技术、访谈或其他测量工具时,须采用已经建立并证实了信度、效度的测量工具,如果没有可靠的信、效度数据,需要对测验结果及解释的说服力和局限性做出说明。心理师不能仅仅依据心理测量的结果做出心理诊断。

4.5 心理师有责任维护心理测验材料(指测验手册、测量工具、协议和测验项目)和其他测量工具的完整性和安全性,不得向非专业人员泄漏相关测验的内容。

4.6 心理师应运用科学程序与专业知识进行测验的编制、标准化、信度和效度检验,力求避免偏差,并提供完善的使用说明。

5. 教学、培训和督导

心理师应努力发展有意义的和值得尊重的专业关系,对教学、培训和督导持真诚、认真、负责的态度。

5.1 心理师从事教学、培训和督导工作的目的是:促进学生、被培训者或被督导者的个人及专业的成长和发展,以增进其福祉。

5.2 从事教学、培训和督导工作的心理师应熟悉本专业的伦理规范,并提醒学生及被督导者注意自己应负的专业伦理责任。

5.3 负责教学及培训的心理师应在课程设置和计划上采取适当的措施，确保教学及培训能够提供适当的知识和实践训练，满足教学目标的要求或颁发合格证书等的要求。

5.4 担任督导师的心理师应向被督导者说明督导的目的、过程、评估方式及标准。告知督导过程中出现紧急情况、中断、终止督导关系等情况的处理方法。注意在督导过程中给予被督导者定期的反馈，避免因督导疏忽而出现被督导者伤害寻求专业服务者的情况。

5.5 任培训师、督导师的心理师对其培训的学生、被督导者进行专业能力评估时，应采取实事求是的态度，诚实、公平而公正地给出评估意见。

5.6 担任培训师、督导师的心理师应清楚地界定与自己的学生及被督导者的专业及伦理关系，不得与学生或被督导者卷入心理咨询或治疗关系，不得与其发生亲密关系或性关系。不得与有亲属关系或亲密关系的专业人员建立督导关系或心理咨询及治疗关系。

5.7 担任培训师、督导师的心理师应对自己与被督导者（或学生）的关系中存在的优势有清楚的认识，不得以工作之便利用对方为自己或第三方谋取私利。

6. 研究和发表

提倡心理师进行专业研究以便对专业学科领域有所贡献，并促进对专业领域中相关现象的了解和改善。心理师在实施研究时应尊重参与者的尊严，并且关注参与者的福祉。遵守以人类为研究对象的科学研究规范和伦理准则。

6.1 心理师在从事研究工作时若以人作为研究对象，应尊重人的基本权益。遵守伦理、法律、服务机构的相关规定以及人类科学研究的标准。应对研究对象的安全负责，特别注意防范研究对象的权益受到损害。

6.2 心理师在从事研究工作时，应事先告知或征求研究对象的知情同意。应向研究对象（或其监护人）说明研究的性质、目的、过程、方法与技术的运用、可能遇到的困扰、保密原则及限制，以及研究者和研究对象双方的权利和义务等。

6.3 研究对象有拒绝或退出研究的权利，心理师不得以任何方式强制对方参与研究。只有当确信研究对参与者无害而又必须进行该项研究时，才能使用非自愿参与者。

6.4 心理师不得用隐瞒或欺骗手段对待研究对象，除非这种方法对预期的研究结果是必要的，且无其他方法可以代替，但事后必须向研究对象做出适当的说明。

6.5 当干预或实验研究需要控制组或对照组时，在研究结束后，应对控制组或对照组成员给予适当的处理。

6.6 心理师在撰写研究报告时,应将研究设计、研究过程、研究结果及研究的局限性等做客观和准确的说明和讨论,不得采用虚假不实的信息或资料,不得隐瞒与自己研究预期或理论观点不一致的结果,对研究结果的讨论应避免偏见或成见。

6.7 心理师在撰写研究报告时,应注意为研究对象的身份保密(除非得到研究对象的书面授权),同时注意对相关研究资料予以保密并妥善保管。

6.8 心理师在发表论文或著作时不能剽窃他人的成果。心理师在发表论文或著作中引用其他研究者或作者的言论或资料时,应注明原著者及资料的来源。

6.9 当研究工作由心理师与其他同事或同行一起完成时,发表论文或著作应以适当的方式注明其他作者,不得以自己个人的名义发表或出版。对所发表的研究论文或著作有特殊贡献者,应以适当的方式给予郑重而明确的声明。若所发表的文章或著作的主要内容来自于学生的研究报告或论文,该学生应列为主要作者之一。

7. 伦理问题处理

心理师在专业工作中应遵守有关法律和伦理。心理师应努力解决伦理困境,和相关人员进行直接而开放的沟通,在必要时向同行及督导寻求建议或帮助。心理师应将伦理规范整合到他们的日常专业工作之中。

7.1 心理师可以从本学会、有关认证或注册机构获得本学会的伦理规范,缺乏相关知识或对伦理条款有误解都不能成为违反伦理规范的辩解理由。

7.2 心理师一旦觉察到自己在工作中有失职行为或对职责存在着误解,应采取合理的措施加以改正。

7.3 如果本学会的专业伦理规范与法律法规之间存在冲突,心理师必须让他人了解自己的行为是符合专业伦理的,并努力解决冲突。如果这种冲突无法解决,心理师应该以法律和法规作为其行动指南。

7.4 如果心理师所在机构的要求与本学会的伦理规范有矛盾之处,心理师需要澄清矛盾的实质,表明自己具有按照专业伦理规范行事的责任。应在坚持伦理规范的前提下,合理地解决伦理规范与机构要求的冲突。

7.5 心理师若发现同行或同事违反了伦理规范,应予以规劝。若规劝无效,应通过适当渠道反映其问题。如果对方违反伦理的行为非常明显,而且已经造成严重危害,或违反伦理的行为无合适的非正式的途径解决,或根本无法解决,心理师应当向本学会的伦理工作组或其他适合的权威机构举报,以维护行业声誉,保护寻求专业服务者的权益。如果心理师不能确定某种特定情形或特定的行为是否违反伦理规范,可向本学会的伦理工作组或其他合适的权威机构寻求建议。

7.6 心理师有责任配合本学会的伦理工作组对可能违反伦理规范的行为进行调查和采取行动。心理师应熟悉对违反伦理规范的处理进行申诉的相关程序和规定。

7.7 本伦理规范反对以不公正的态度或报复的方式提出有关伦理问题的申诉。

7.8 本学会设有伦理工作组,以贯彻执行伦理守则,接受伦理问题的申诉,提供与本伦理守则有关的解释,并处理违反专业伦理守则的案例。

附:本守则所包含的专业名词定义

临床心理学(clinical psychology):是心理学的分支学科之一,它既提供心理学知识,也运用这些知识去理解和促进个体或群体的心理健康、身体健康和社会适应。临床心理学更注重对个体和群体心理问题的研究,以及严重心理障碍的治疗。

咨询心理学(counseling psychology):是心理学的分支学科之一,它运用心理学的知识去理解和促进个体或群体的心理健康、身体健康和社会适应。咨询心理学更关注个体日常生活中的一般性问题,以增进个体良好的适应和应对。

心理师(clinical and counseling Psychologist):指系统学习过临床或咨询心理学的专业知识、接受过系统的心理治疗与咨询专业技能培训和实践督导,正在从事心理咨询和心理治疗工作,且达到中国心理学会关于心理师的有关注册条件要求,并在中国心理学会有效注册,这些专业人员在本守则中统称为心理师。心理师包括临床心理师(Clinical Psychologist)和咨询心理师(Counseling Psychologist)。对临床心理师或咨询心理师的界定依赖于申请者所接受的学位培养方案中的名称界定。

寻求专业服务者:即来访者(client)或心理障碍患者(patient),或其他需要心理咨询或心理治疗专业服务的求助者。

督导师(supervisor):指正在从事临床与咨询心理学相关教学、培训、督导等心理师培养工作,且达到中国心理学会关于督导师的有关注册条件要求,并在中国心理学会有效注册的资深心理师。

心理咨询(counseling):指在良好的咨询关系基础上,由经过专业训练的心理师运用咨询心理学的有关理论和技术,对有一般心理问题的求助者进行帮助的过程,以消除或缓解求助者的心理问题,促进其个体的良好适应和协调发展。

心理治疗(psychotherapy):指在良好的治疗关系基础上,由经过专业训练的心理师运用临床心理学的有关理论和技术,对心理障碍患者进行帮助的过程,以消除或缓解患者的心理障碍或问题,促进其人格向健康、协调的方向协调发展。

剥削(exploitation):在本守则中指个体或团体在违背他人意愿或不知情的情况下,无偿占有他人的劳动成果,或不当利用他人所拥有的各种物质的、经济的和心理上的资源谋取各种形式的利益或得到心理满足。

福祉(welfare)：在本守则中指寻求专业服务者的健康、心理成长和幸福。

双重关系(dual relationships)：指心理师与寻求专业服务者之间除治疗关系之外，还存在或发展出其他具有利益和亲密情感等特点的人际关系的状况，称为双重关系。如果除专业关系以外，还存在两种或两种以上的社会关系，就称为多重关系(multiple relationships)。

主要参考文献

[1] 程玮. (2012). 女性心理学. 北京：科学出版社.

[2] 崔丽娟编. (2008). 社会心理学：解读生活、诠释社会. 上海：华东师范大学出版社.

[3] 戴安娜·帕帕拉等著. 李西营等译. (2005). 发展心理学(第九版). 北京：人民邮电出版社.

[4] 戴维·迈尔斯著. 侯玉波等译. (2006). 社会心理学(第八版). 北京：人民邮电出版社.

[5] 冯友兰. (2011). 中国哲学史. 北京：商务印书馆.

[6] 贺美霞. (2013). 浅谈0~3岁亲子教育的重要性. 幼儿学习网. http：//www.jy135.com/html

[7] 吉诺特著. 张雪兰译. (2004). 孩子，把你的手给我. 北京：京华出版社.

[8] 金伯莉·J. 达夫著. 宋文，李颖珊译. (2013). 社会心理学. 北京：中国人民大学出版社.

[9] 李中莹. (2008). 亲子关系全面技巧. 北京：现代出版社.

[10] 刘燕. (2006). 组织行为学案例集. 上海：立信会计出版社.

[11] 卢盛忠. (2003). 管理心理学实用案例集萃. 杭州：浙江教育出版社.

[12] 卢勤. (2010). 个人成长与社会化. 成都：四川大学出版社.

[13] 罗伯特·费尔德曼著. 苏彦捷等译. (2013). 发展心理学——人的毕生发展(第六版). 北京：世界图书出版公司.

[14] 牛格正. (2001). 咨商实务的挑战：处理特殊个案的伦理问题. 台北：张老师文化事业股份有限公司.

[15] 庞海波. (2011). 家庭教育心理学. 广州：暨南大学出版社.

[16] 帕特森等著. 王雨吟等译. (2012). 家庭治疗技术(第二版). 北京：中国轻工业出版社.

[17] 全国13所高等院校《社会心理学》编写组编. 社会心理学(第四版). (2008). 天津：南开大学出版社.

[18] 人力资源与社会保障部教材办公室. (2009). 婚姻家庭咨询师：国家职业技能鉴定考试指导. 北京：中国劳动社会保障出版社.

[19] 时蓉华. (1998). 社会心理学. 上海：上海人民出版社.

[20] 维吉尼亚·萨提亚著. 易春丽等译. (2006). 新家庭如何塑造人. 北京：世界图书出版公司.

[21] 雪莉·葛莱丝，珍·科波克·丝戴海利著. 王丽，涂娟译. (2013). 发现爱，找回爱：亲密关系的重建. 武汉：长江文艺出版社.

[22] 杨国枢. (1970). 中国人的心理. 北京：中国人民大学出版社.

[23] 杨凤池. (2015). 分析体验式心理咨询技术. 北京：人民卫生出版社.

[24] 杨凤池主编. (2007). 智慧，和谐，希望：社区心理卫生读本. 北京：人民卫生出版社.

[25] 杨文泽，李雁宁. (2001). 中国孩子成长手册：15位幼教专家育儿指导. 北京：中国戏剧出版社.

[26] 伊丽莎白·雷诺兹·维尔福著.侯志谨等译.(2010).心理咨询与治疗伦理.北京:世界图书出版公司

[27] 云晓.(2009).爸爸妈妈不可不知的家庭教育心理学.北京:朝华出版社.

[28] 中国心理学会.(2007).中国心理学会临床与咨询心理学工作伦理守则.心理学报,39(5),947-950.